美

口福四时

北京中轴线文化游典

北京非物质文化遗产保护中心
组织编写

张 鹏 著

北京出版集团
北京出版社

图书在版编目（CIP）数据

美食 ：口福四时 / 北京非物质文化遗产保护中心组织编写 ；张鹏著. — 北京 ：北京出版社，2021. 10
（北京中轴线文化游典）
ISBN 978-7-200-16409-1

I. ①美… II. ①北… ②张… III. ①饮食—文化—北京 IV. ①TS971. 202. 1

中国版本图书馆CIP数据核字（2021）第064330号

北京中轴线文化游典
美食
口福四时
MEISHI
北京非物质文化遗产保护中心　组织编写
张鹏　著
*
北　京　出　版　集　团　出版
北　京　出　版　社
（北京北三环中路 6 号）
邮政编码：100120

网　址：www.bph.com.cn
北京伦洋图书出版有限公司发行
北京九天鸿程印刷有限责任公司印刷
*
787毫米×1092毫米　16开本　21印张　246千字
2021年10月第1版　2023年7月第2次印刷

ISBN 978-7-200-16409-1
定价：79.80 元

“北京中轴线文化游典”
编委会

总　序

“一城聚一线，一线统一城”，北京中轴线南端点在永定门，北端点在钟楼，位居北京老城正中，全长7.8千米。在中轴线上有城楼、御道、河湖、桥梁、宫殿、街市、祭坛、国家博物馆、人民英雄纪念碑、人民大会堂、景山、钟鼓楼等一系列文化遗产。北京中轴线自元代至今，历经750余年，彰显了中华民族守正创新、与时俱进的文脉传承，凸显着北京历史文化的整体价值，已经成为中华文明源远流长的伟大见证。

北京中轴线是北京城市的脊梁与灵魂，蕴含着中华民族深厚的文化底蕴、哲学思想，也见证了时代变迁，体现了大国首都的文化自信。说脊梁，北京中轴线是中华民族都市规划的杰出典范，是北京城市布局的脊梁骨，对整座城市肌理（街巷、胡同、四合院）起着统领作用，北京老城前后起伏、左右对称的建筑或空间的分配都是以中轴线为依据的；说灵魂，北京中轴线所形成的文化理念始终不变，尚中、居中、中正、中和、中道、凝聚、向心、多元一统的文化精神始终在中轴线上延续。由此，北京中轴线既是历史轴线，又是发展轴线，还是北京建设全国文化中心的魅力所在、资源所在、优势所在。

北京中轴线是活态的，始终与北京城和中华民族的发展息息相关。在历史长河风云变幻中，一些重大历史事件都发生在中轴线上，同时中轴线始终有社会生活的烟火气，留下了京城百姓居住、生活的丰富印迹。这些印迹既有物质文化遗产，又有非物质文化遗产；这些印迹不仅有古都文化特色，还有对红色文化的展现、京味文化的弘扬、创新文化的彰显。中轴线就像一个大舞台，包括皇家宫殿、士大夫文化、市民生活，呈现开放包容、丰富多彩、浓厚的京味，突出有方言、饮食、传说、工艺、科技以及各种文学、艺术等。时至近现代，在中轴线上还有展现中华民族革命斗争的历史建筑和社会主义现代化建设的红色文化传承。今天，古老的中轴线正从历史深处昂扬走向璀璨的未来，在传统文化与现代文明的滋养中焕发出历久弥新的时代风采。

北京中轴线是一张“金名片”，传承保护好以中轴线为代表的历史文化遗产是首都的职责，也是每一个市民的责任。以文塑旅，以旅彰文，“北京中轴线文化游典”是一套以学术为支撑，以普及为目的，以文旅融合为特色，以“游”来解读中轴线文化的精品读物。这套读物共 16 册，以营城、建筑、红迹、胡同彰显古都风韵，以园林、庙宇、碑刻、古狮雕琢文明印迹，以商街、美食、技艺、戏曲见证薪火相传，以名人、美文、译笔、传说唤起文化拾遗。书中既有对北京城市整体文化的宏观扫描，又有具体而精微的细节展现；既有活跃在我们生活中的文化延续，也有留存于字里行间的珍贵记忆。

本套丛书自规划至今已近3年，很多专家学者在充分的交流与研讨中贡献了真知灼见，为丛书的编辑出版提供了宝贵建议。在此，我们对所有参与课题调研、交流研讨的专家学者以及众多编者、作者表示感谢。

“让城市留住记忆，让人们记住乡愁。”北京中轴线的整体保护与传承，不仅是推进全国文化中心建设的重要举措，更是我们这一代人的历史责任与使命。只有正确认识历史，才能更好地开创未来。要讲好中轴线上的中国故事、传递好中国声音、展示好中国形象，使这条古都的文化之脊活力永延。我们希望“北京中轴线文化游典”的问世，能让历史说话，让文物说话，让专家说话，让群众说话，陪伴您在游走中了解北京中轴线的历史文化内涵，感知中轴线上的文化遗产，体验首都风范、古都风韵、时代风貌，不断增强文化获得感，共筑中国梦。

李建平

2021年4月

目　录

前　言

这一碗人间烟火，数十载快意人生

作为一名喜欢写美食文的北京土著，经常会遭遇这样的“灵魂拷问”：北京菜是什么？每每都会被问住，因为想说的实在太多，却又无法归纳成一个精确而简明的答案，简直如鲠在喉，就想起老舍先生想念北平的那句名言：“这个爱是想说而说不出的。”

后来终于查到了关于北京菜的权威说法。王世襄先生真不愧是文玩大家，旧京最后一位“美食元老”，真正的京城玩主。他这样定义：北京菜由地方菜、风味小吃、清真菜、宫廷菜、官府菜融合而成，融合了汉、蒙古、满、回等民族的烹饪技艺，纳入山东风味，并继承了明清宫廷菜的精华，最终形成了荟萃百家、兼收并蓄、格调高雅、风格独特、自成体系的北京菜。

总结得太到位了！我热爱的北京菜就是这么豪横，四九城逛遍，中轴线流连，一片深情凝聚在字里行间，终于有了这本关于美食的书。

北京餐饮业的“民间排行榜”

现如今，很多人都知道餐饮业有个打外国来的评分标准，能评上“米其林”几星就了不得了，曾经北京一些被评上星的餐馆还引发了热议，褒贬不一。实际上，老北京人选择餐厅，从来不是认“星”，而是认“号”——餐饮老字号的每一道菜肴与美味，都承载着历史与文化，也是最权威的“民间排行榜”。

元、明两代，北京的酒楼、饭庄已渐红火，至清朝更为繁盛，尤其是清中叶以后，北京的饭庄更为发达，餐饮老字号达上百家，而且在称谓上有约定俗成的规矩。称“堂”者最大，所谓“堂”，既可办宴会，又可以唱堂会，饭庄里不仅有餐桌、靠椅，还有舞台和空场，往往是几进的大四合院，很是气派。最著名的就是什刹海边的会贤堂。会贤堂与聚贤堂、福寿堂、天福堂、惠丰堂、福庆堂、同和堂、庆和堂并称“八大堂”。

比堂小的叫“居”，它们与堂很大的区别在于只办宴席，不办堂会。“八大居”即福兴居、万兴居、同兴居、东兴居、万福居、广和居、同和居、砂锅居。著名的饭庄还有“八大楼”，是八家京城著名的山东菜馆，包括东兴楼、泰丰楼、致美楼、鸿兴楼、正阳楼、新丰楼、安福楼、春华楼。（此一说法，还有其他说法。）此外，还有“八大春”“八大坊”，清真“四大顺”等。旧京这些大饭庄大都集中在中轴线左右，这条线是京城最繁华富庶之地，自然生意兴隆。尤其是前门一带，商铺云集，客人如织，也成为各种美食的发源地和聚集地。

饭庄的客人大都是达官贵人，而平民百姓也有自己的吃法，街头巷尾便宜实惠的“二荤铺”便是最好的选择。“二荤”多数情况下指的是猪肉和羊肉。一个掌灶师傅，两个跑堂小伙子，再搬来一些桌椅板凳就能开张，物美价廉，味道也不差。还有京城几乎每条大街和繁华的大胡同里都能找见的“大酒缸”，更有意思，它专门提供酒和下酒菜。在寒冷的冬天，喝一杯小酒，吃一口下酒菜，烤烤炭火，再听听酒友们谈天说地，也是相当惬意。

而那些所谓上不得台面的各色民间小吃，无论是天桥市场的小摊，还是荷花市场的茶棚，送外卖的“盒子铺”，胡同里的“炸货屋子”，乃至走街串巷的游商小贩……伴随着叫卖声的各色平民美食，构成了这个城市最有烟火气的生活画卷。

民国文豪画出“美食地图”

北京的餐饮业也经历了繁盛和衰落。1937 年七七事变爆发后，经过多年战乱，新中国成立前夕，著名的“八大居”仅剩同和居与砂锅居两家；新中国成立后公私合营，很多老字号改换了名称，有些逐渐消失。直到 20 世纪 80 年代，北京恢复传统老字号，百年老店和昔日美食才得以重回大众视野。这期间，它们销声匿迹数十年，然而在北京老饕们的心中，它们似乎从未走远，因为，它们一直活在民国文豪的美文里。

不知道多少人和我一样，对北京传统美食的启蒙来自梁实秋的《雅舍谈吃》，后来发现张恨水、老舍、季羡林、林语堂，甚至鲁迅都是美食家，唐鲁孙更是把美食写到了极致。正是借由这些文字，美食成为文化，成为历史，在这座城市留下了深深的烙印。

最爱梁实秋为我们描述的北平四季美食图景：“开春吃春饼，随后黄花鱼上市，紧接着大头鱼也来了。恰巧这时候后院花椒树发芽，正好掐下来烹鱼。鱼季过后，紫藤花开，吃藤萝饼，玫瑰花开，吃玫瑰饼；还有枣泥大花糕。到了夏季，紧接着是菱角、莲蓬、藕、豌豆糕、驴打滚、艾窝窝，一起出现。席上常见水晶肘，坊间唱卖烧羊肉，这时候嫩黄瓜、新蒜头应时而至。秋风一起，先闻到糖炒栗子的气味，然后就是炮烤涮羊肉，还有七尖八团的大螃蟹。过年前后，食物的丰盛就更不必细说了。”梁实秋最后总结道，北平的生活就是“一年四季的馋，周而复始的吃”。这就是对“岁月静好”最具体的诠释吧！

民国文豪为我们画出了一幅诱人的北京美食地图，仔细看来，竟是几乎都在中轴线左右：老舍津津乐道正阳楼“肥嫩的羊肉”和“毛茸茸的蟹脚”，怀念护国寺的豆汁儿；梁实秋夸赞东兴楼“薄而不碎，熟而不焦的芙蓉鸡片”，回京还没放下行李就奔致美楼吃爆肚；季羡林虽不是北京人，却在国外最想念北京美食，一回京就去东安市场吃涮羊肉，称“天下绝美”；张恨水最爱“武吃”松柴烤肉，还是一位冷饮爱好者，写下“梅汤常忆信远斋”的诗句；鲁迅念念不忘同和居的“三不粘”，还喜欢买稻香村的点心；唐鲁孙对砂锅居的“砂锅白肉”从嫌弃到惊艳，大赞“别有风味，前所未有”……

读着这些活色生香的文字，怎么能不动心？简直感动得眼泪从嘴角流下来。幸好有这些文字，有些美食在失传几十年之后，按照美食家们的描述，终于寻回昔日的老味道。近年来，每一家老字号的重张，都成为京城老饕奔走相告的盛事，前赴后继地去品评，有兴奋，有欣慰，也有失落和遗憾。

美食不仅仅是味道，还带着岁月留下的万般滋味。

食物的味道其实就是乡愁的味道

近些年，认识了不少好吃的同道中人，不乏会吃会做的美食家，其中还有名厨大师，逐渐领略到北京传统美食那种“食不厌精，脍不厌细”的工匠精神与独特魅力，于是我继承民国文豪的吃货精神，开始了北京的逛吃之旅。

北京菜最有名的招牌美食是什么？在我心中，烤鸭和涮肉这两样拔得头筹，平分秋色，不分伯仲，吃不烦吃不够，那种味觉的享受简单粗暴，直击味蕾。烤鸭一定配经典的荷叶饼、葱丝和甜面酱，它们和鸭肉果木的清香、皮子的酥脆搭配出来丰富而美妙的口感，真让人流连忘返，欲罢不能；涮肉一定要用清汤铜锅炭火，羊肉以上脑和黄瓜条为最佳，配麻酱调料、糖蒜和刚出炉的芝麻烧饼，想着就心动。如今北京的烤鸭店和涮肉馆没有上千家也有八百家，被称为“国民美食”也不为过。

北京那些街头巷尾的小吃，比之各大名店的招牌菜，让人惦念的程度其实一点儿也不差。虎坊桥的“京天红”炸糕几年前一度要关门，大冬天的竟然引得数百人在寒风中排队几个小时等候，很多人不解，为了一个炸糕北京人至于吗？还真至于。北京人会说：“姆们吃的不仅是炸糕，吃的是情怀！”

每个北京人的记忆中，都有这样一种小吃，比如磁器口的豆汁儿，牛街洪记的包子，锦芳的奶油炸糕，黑窑厂的糖油饼，安平巷的徐记烧饼……它们在的时候不觉得怎样，吃不到了却是如此想念。

几十年里，北京的变化日新月异。曾经住过的老胡同消失了，老邻居风流云散了，发小玩伴各忙各的了，曾经上过的小学中学不少也更名或合并了，一切似乎都被时代的车轮碾轧而过，而想到这些从小吃惯的食物还在，心里就暖暖的。

食物的味道其实就是乡愁的味道，一个烧饼、一个炸糕里藏着我们童年的记忆、青春的感怀，父母在门口的嘱咐唠叨，街坊邻居相处的温暖……

数百年间，北京美食和这座古城一起发展、融合、创新、变迁。从这个意义上说，美食是一部真正的社会生活史。这一碗人间烟火，数十载快意人生，唯美食不可辜负！

张鹏

2021 年 1 月

第一辑

中轴线南段

王致和　杨信绘

天桥市场

天桥小吃的回忆，北京最有烟火气的市井生活画卷

凡是北京人，没有不知道天桥的。现如今，天桥只是个地名，但是对于老北京人来说，天桥是一种生活。它曾是北京城最大、最全、最繁华热闹的娱乐场所，小商品买卖最火爆的地方，各色小吃最集中的地方。那里会集了三教九流、五行八作，展现出旧京民俗和人生百态。追忆天桥，就仿佛打开了一幅北京最有烟火气的市井生活画卷。

天桥市场的兴衰沉浮

北京好些小吃的名字都有个特点，就是经营品种名称加店主姓氏，这种叫法大多源自天桥的小吃摊。当年，天桥市场初建之时，很多街头巷尾的流动游商变为固定的摊商。天桥的小吃因为多是摊

棚，所以没有正规字号，为了便于记住和识别，就使用这种叫法，如“爆肚石”“切糕李”“面茶张”“豆腐脑白”“茶汤李”“豆汁儿薛”“小肠陈”“羊霜魏”“炒肝金”……风味独特的天桥小吃，连同丰富多彩的杂耍说唱和种类繁多的新旧商品，使得天桥市场热闹非凡，闻名京城。天桥市场的兴衰沉浮，也成为北京城中轴线南段外城地区社会风貌和平民生活的缩影。

曾经喧嚣热闹的天桥市场就在京城中轴线南部，前门至永定门的中段，如今已经无存。元朝时这一带是元大都的南郊，明朝永乐

摊棚林立的天桥市场

皇帝迁都北京后，兴建了天坛和先农坛，直到嘉靖年间增筑了外城，此地才成为外城的中心。

当时在天坛、先农坛的北墙外，有一条东西走向的河，是皇帝从皇宫出正阳门到两坛祭祀的必经之地。为此，专门在此修建了一座颇为壮观的汉白玉单孔高拱桥，以通“御路”。因为皇帝又称为天子，这是天子所走之桥，所以叫“天桥”。后来这一带多次修路扩建，到 1934 年桥已经踪迹全无，有戏言称：“天桥有天无桥。”而桥下原有的河道也逐渐变成了后来的龙须沟。

当时天桥这一带，河沟纵横，两旁风光绮丽，杨柳垂条，来看风景的人络绎不绝。茶馆、酒肆兴起来了，练把式的、说书唱戏唱大鼓书的都有。艺人在地上画个圆圈，撂地卖艺，不需要什么房舍，这就是天桥市场的雏形。

“酒旗戏鼓天桥市，多少游人不忆家”，这是清末民初的著名诗人易顺鼎在《天桥曲》写下的诗句。民国初年，天桥真正成为繁荣的平民市场。市民阶层的壮大，推动了天桥的兴盛。过去不允许的戏园子、游艺园大量出现，商业、服务业、手工业更加兴旺，民间艺人来这里卖艺设场的竟多达五六万人。这时的天桥市场，集吃喝玩乐、游览购物于一地。正如著名学者齐如山在《〈天桥一览〉序》中所述：“天桥者，因北平下级民众会合憩息之所也。入其中，而北平之社会风俗，一斑可见。”这里逐渐形成了独特的天桥平民文化。

旧天桥市场建筑原很简陋，席棚、板棚居多。20 世纪二三十年代，天桥曾多次失火。在 50 年代初，人民政府治理了龙须沟，修筑了马路。到60年代，天桥市场就基本消失了。但在老北京人的心里，那里的说唱声、鼓乐声、吆喝声、叫卖声，那里上下翻飞腾挪的武姿，那里让人垂涎欲滴的各种吃食，那里的一草一木、一砖一瓦……都成了永远的回忆和眷恋。

最经典的北京小吃都在这儿了

民以食为天。一个地方若有了美食，就有了人间的烟火气。天桥多饭摊，商贩们沿街用木板钉出一个挨一个的棚子，在棚内搭建炉灶，周围摆上几张桌子几把椅子就开张了；搭不起棚子的，也可

经典小吃

以直接露天设炉灶，食客或蹲或坐，生意也很火爆。

这些饭摊卖的多为炸馃子、豆汁儿、羊杂汤、杂面、爆肚、煎包、肉饼、豆腐脑、炸糕、艾窝窝……这样的吃食，平民、夫役或小贩几枚铜钱就能连吃带喝来上热气腾腾的一大碗，那种酣畅淋漓是在大酒楼里体验不到的。据从小住在天桥一带的北京老人王月辉回忆："天桥是大众食品和北京特有小吃最集中、丰富的地方。人们想吃什么应有尽有。"

先说这豆汁儿，它是北京特有的典型地方风味小吃，街头巷尾，日日夜夜都有卖生、熟豆汁儿的，当年天桥卖豆汁儿的有八九家。《大宅门》白老爷灌孙子白景琦豆汁儿时说："喝不惯豆汁儿，那还算北京人？"

"豆汁儿王"设于天桥西南隅魁华戏园前，有数十年之久，其布帷写有名号，摊上的家具非常讲究，咸菜味佳，赢得了很多主顾，与当时天桥的"烤肉王"和"王八茶馆"并称为"三王"。

王月辉老人当年最常去的是天桥"豆汁儿舒"，在20世纪30年代，它和琉璃厂的"豆汁儿张"、东安市场的"豆汁儿徐"和"豆汁儿何"并称为豆汁儿四大家，可见其名气。

据王月辉老人回忆，"豆汁儿舒"摊位在公平市场天桥照相馆的西侧，临街摆放一溜长条凳和木板条桌，桌边围着蓝布帷子，桌上码放几个玻璃罩子，罩内几只大盘有三四种时令小咸菜，有新炸出锅的焦圈，柳条筐中放着新出炉的芝麻烧饼。食客们喝着豆汁儿，吃着烧饼、焦圈，就着咸菜，那种惬意令人难以忘怀。在天桥喝豆汁儿的人都知道这么两句话："诚招天下客，一碗豆汁儿心常舒。"

这就是专指“豆汁儿舒”的。

对中国普通百姓人家来讲，中国豆腐比“中国四大发明”还重要。豆腐脑，又叫“软豆腐”，是中国北方传统小吃。老北京天桥的豆腐脑，当数“豆腐脑白”最有名了。在周家望先生的著作《老北京的吃喝》中这样描述:“白记豆腐脑，白如玉、嫩如脂，入口即化，有豆奶之香。”

白家的豆腐脑讲究色泽洁白、口感细嫩，尤其是在卤汁的制作上极具特色，味道醇厚。原料上讲究用张北坝上的口蘑泡水，水变红以后撇去渣滓沉淀，将上等的黄花、木耳以及切成纸一样薄的羊后腿片勾芡加细盐熬成。可喜的是，1992 年白家后代在西四小吃胡

茶汤壶

同重操旧业，恢复了“豆腐脑白”这一传统老字号。

号称“京城九把茶汤壶占了六把”的“茶汤李”的摊位在天桥三角市场东院。据老人回忆，他家桌前有两个汽油桶改装的火炉，一只炉子上坐着一尊巨大的铜质龙嘴大茶壶，总是“嘟嘟”地往外冒着热气。条桌上的玻璃罩内有几个大瓷盘，分别盛放着香油炒面、茶汤面、杏仁粉、细果料、白糖、红糖，食客可以按照各自的口味选料。摊主将食客选好食料的细瓷小碗持于左手，右手把住铜壶把手，龙嘴对准一尺外的小碗，一碗碗香甜可口的茶汤就端到了专好这口儿的食客面前。20 世纪 80 年代，“茶汤李”的招牌也重新挂了起来，现在很多商场都能看见它的身影。

早上喝豆汁儿，晚上吃爆肚是天桥人的生活方式。爆肚摊大多数只是在路边摆上几张长条桌案，上面摆了一溜调料碗，旁边就是一口煮着滚沸热汤的大锅，另一边搁着羊肚。有人来吃，店主现切羊肚，再举着大漏勺往锅内滚汤中氽一下，动作利落而潇洒。氽好的爆肚用高脚碗盛着，食客再蘸上麻酱、腐乳等作料，加点儿香菜，滋味甚美。

最有名的“爆肚石”就位于天桥斜街东口，不少著名的京剧演员如马连良等都是这儿的座上宾。“爆肚石”的东西，新鲜、干净，不论怎么吃，没一点脏腥味儿，切出的肚丝宽窄、长短都一样，绝对整齐，将肚切后，入锅微煮，水沸即成，往盘里一放，都是水灵灵地提神，简直就是工艺品。

“爆肚石”后来的故事也很精彩。1937 年，“爆肚石”掌柜石昆生在天桥公平市场开了家小饭店，起名“南来顺”。1956 年公私合

天桥的食客

营时，南来顺与“羊头马”“馅饼周”“切糕米”“焦圈王”一起并入菜市口小吃店。改革开放后，恢复“南来顺”字号，现迁至大观园东南角墙外。南来顺现如今是北京城中轴线南段地区最有名的经营清真风味的专业小吃店，小吃品种达一百五十多种，很多当年的天桥小吃在这里传承了下来。

失传的小吃和天桥远去的背影

在老人们的记忆中，天桥小吃数不胜数，如墩饽饽、硬面饽饽、蛤蟆吐蜜、螺丝转、糖耳朵、麻团儿、薄脆、炸糕、排叉、切糕、年糕、驴打滚、艾窝窝、豌豆黄、芸豆卷、糖卷果、炸松肉、炸回头、炸豆腐、丸子汤、卤丸子、炒肝、卤煮火烧、老豆腐、扒糕、果子干、炒红果、糖葫芦、羊霜肠、雪花酪等。除此之外，还有锅贴、馅饼、包子、水饺，也有炖羊肉、炖牛肉、坛子肉、炮羊肉等荤菜，还有滚子鱼、黄花鱼……数不尽的小吃美食，是属于天桥独有的记忆，那是单写一本书也写不下的。

其中不少小吃流传至今，有些却逐渐失传，后人只能从文字中遥想那些味道。有一样很多人念念不忘，那就是北京已经绝迹的羊霜肠。羊霜肠也叫羊霜霜、羊肚汤，是用羊肠洗净后灌入羊血煮熟，然后切成片状蘸作料吃，因羊肠外有一层油像白霜而得名。当年，天桥卖羊霜肠的一家接一家，很多人都围着羊霜肠的车摊，吃得津津有味。有一家围的人最多，那就是在天桥出了名的羊霜肠魏占才。卖羊霜肠的小贩在叫卖时，都呼:“羊肚儿开锅！”魏占才的摊上，显得非常洁净，用具都发光闪亮。他家的羊霜肠，经沸水煮过后，大多带有肠血蜂眼，带有小孔。这类血肠很容易进味，吃起来自然更为鲜美。羊霜肠是物美价廉、味美可口的解馋食品，典型的“穷人乐”。很多七八十岁的老北京人，做梦都想吃这一口，如今却踪迹难寻。

天桥的糖摊是孩子们最爱去的地方。糖摊包括吹糖人的和盘花糖的，是小吃和手艺相结合的行业。如今，吹糖人的在庙会上还能看见，盘花糖的就很少了。制作的主要工具是一个熬糖的锅、一把勺子、一块石板，石板上抹上油，用勺子舀上糖在石板上画画，然后粘在竹签上，小孩儿们拿着玩儿。干这行得有美术功底，画出来得像，外行可不行。

还有一种北京最古老的冰品——雪花酪，又称土法冰激凌，也曾是天桥的热门小吃。它原本是明朝皇宫里的秘制冷食，后流传至民间，是旧社会穷人孩子能买得起吃得上的零嘴儿。往往是孩子苦苦哀求，大人挣不过，买一碗雪花酪，全家好几个孩子分着吃。它的做法是用冬天凿出的永定河上的大块浮冰，用草席包裹放入冰窖保存，至来年夏天取出部分冰块打碎成末，和上蜂蜜、酸梅汁、果脯食用。

天桥的“蒸了炸”也是一种风味食品，据说是由一位姓李的人独创，把西葫芦馅饺子蒸熟凉凉后，放在油锅里煎，再蘸上醋蒜吃。味道与众不同的原因有二：一是馅里有胡椒粉，二是馅里放的羊油。郭德纲的相声里还出现过“蒸了炸”，说白了，就是大饺子。

这些失传的小吃和老天桥的背影，都已经渐行渐远了。如今，天桥一带已经成为正在崛起的北京演艺中心。当年的各种小吃大多也已经融入这个城市的美食文化，以各种形式保留传承，这就是北京不断延续、生生不息的文化底蕴。

天桥是孩子们的欢乐场

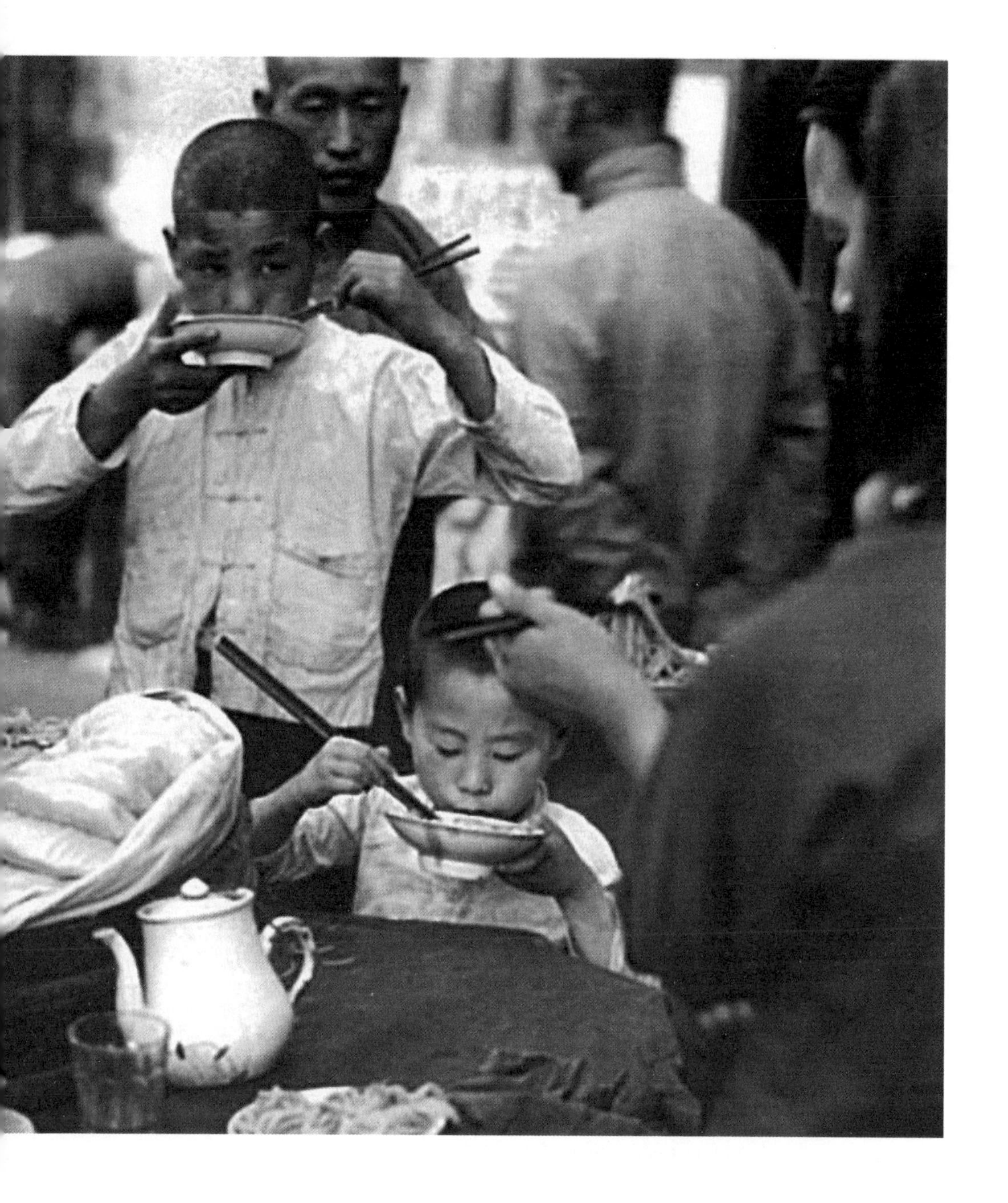

老磁器口豆汁店

这道最“暗黑”的料理，喝它成为检验北京人的标准

每天一大早，很多家住南城的老北京人会聚集到天坛北门一家不起眼的老磁器口豆汁店门口排队。小店早上 6 点准时开门，人群一拥而进，很快店里人声嘈杂，相互打招呼寒暄，接着那种特殊的味道和吸溜的声响便溢满整个小店。没抢到座位的端着碗很淡定地等座，心急的干脆靠着墙根喝起来……一早晨，一两千位客人如流水般喝完就走，很多人是光顾了十多年的老主顾，风雨无阻，为的就是这一口。

据说，检验一个人是不是老北京的最简便方法之一，莫过于请他喝豆汁儿。郭德纲的相声里有个关于豆汁儿的段子：为鉴别是不是北京人，就给他灌上一碗豆汁儿，这主儿咽下去以后还问：“有焦圈没有？”甭问，这位是北京人没跑。

老磁器口豆汁店的金字招牌

喝豆汁儿，老少皆宜，贫富一桌

老北京几百种小吃中，首屈一指物美价廉的就是豆汁儿。它为什么这么受欢迎？很多人百思不得其解。实际上无论是谁喝第一口豆汁儿时，那如同泔水般的气味，也会让人难以下咽。可是接着喝，感觉就慢慢不同了，后来就大多慢慢上瘾了。豆汁儿它就是这么奇妙！

在老磁器口豆汁店的墙上有个介绍：豆汁儿历史悠久，据说早在辽、宋时期就是民间大众化食品。清乾隆十八年（1753）有人上殿奏本称："近日新兴豆汁一物，已派伊立布检查，是否清洁可饮，如无不洁之物，着蕴布奋募豆汁匠二三名，派在御膳房当差。"于是，民间的豆汁儿成了宫廷的御膳。

自从豆汁儿端上了帝王的餐桌，久而久之，就成了帝后宫妃的偏爱之物。他们发现在吃过了油腻肥厚之物后，喝一碗热豆汁儿是多么的舒服，而且能败火、消食、润燥、解毒，还能从中品出一种其他食品所不能带来的滋味，甚至被满人称为不可或缺的“本命食”，于是就有了“豆汁豆汁儿，旗人的命根儿”的俗语。

说了半天，豆汁儿到底是什么？它就是做绿豆粉丝的下脚料。把下脚料盛在一个大桶或大缸里，浮在上面稀拉逛荡的汤水就是豆汁儿，沉淀在下面浓稠的则是老北京另一种美食麻豆腐的原料。豆汁儿分为三种：其一是原汁煮开锅；其二是在里边加上绿豆粉，提高其浓稠度；其三是里面加小米，煮成粥。现今，基本上只有第一种存世。

焦圈配豆汁儿的经典搭配

豆汁儿色泽碧绿，汁液浓醇，味酸且微甜，是北京具有独特风味的冬、春季流食小吃。《燕都小食品杂咏》中有诗云：“糟粕居然可作粥，老浆风味论稀稠。无分男女齐来坐，适口酸盐各一瓯。”

别看豆汁儿其貌不扬，却备受北京人的喜爱。原因大概在于它极富蛋白质、维生素 C、粗纤维，并有祛暑、清热、温阳、健脾、开胃、去毒、除燥的功效。

在早年间，喝豆汁儿有一种怪现象，穿着西服、长袍马褂的和光着脊梁的洋车夫坐在一条板凳上喝豆汁儿。能够贫富一桌，看来豆汁儿确实是一道雅俗共赏的有趣佳品。

好的豆汁儿是慢慢熬出来的

老磁器口豆汁店的少掌柜徐嘉祥，是个典型的时尚北京小伙，张嘴是一口纯正的京片子，爱说爱笑，语速倍儿快，一聊就有点刹不住。在大街上遇见他，没人会想到他是豆汁店老板。

可一进操作间，徐嘉祥却完全变了一个样儿。围上围裙，戴上口罩，站在灶台直径一米多的大锅前，他拿着勺子慢慢搅动，动作沉稳熟练。随着他的搅动，锅中冒出一团团气泡，醇厚的酸爽味道在空气中四溢。这口锅每天早上 5 点准时开火，一天要熬出三千多碗豆汁儿。

“豆汁儿要熬，而不是煮。”徐嘉祥手持大铜勺，从一个大桶中舀出白色的稠糊，这是将绿豆淀粉下脚料的粗渣过滤，兑上水搅匀制成的豆汁儿原料，之后再和引子混在一起。引子是前一天所留豆汁儿，保温发酵一晚后，既酸又稠。

他把所舀豆汁儿原料倒在锅中，熟练地用勺推搅均匀。看到锅里豆汁儿冒起小泡时，他又从桶里舀出一勺。“熬豆汁儿要一勺一勺续着熬。”这是一个细功夫，不能嫌麻烦，不能怕费事。“花没花功夫，老主顾一尝就能尝出来，这样熬出的豆汁儿是最好的，质地浓稠，口感润泽，否则豆汁儿就会稀，味道差远了。”

一家老豆汁店里的人情味儿

老磁器口豆汁店原名“锦馨豆汁店”，拆迁前原址在磁器口，是挂牌的“中华名小吃”。这家南城最有名的国营老字号豆汁店，据说豆汁儿手艺得自花市火神庙“豆汁儿丁”的真传，在20世纪七八十年代曾红火一时，在一代人心中留下了印记。后来国营餐饮业尝试改制，徐嘉祥的父亲把这家豆汁店盘下来开始自己经营，如今传到了徐嘉祥手中。

一大早就赶来排队的老主顾们都是北京豆汁儿的铁杆粉丝。那种魂牵梦萦的感觉，不爱豆汁儿的人完全无法体会。《燕都小食品杂咏》说出了其中的妙处：“得味在酸咸之外，食者自知，可谓精妙绝伦。”老食客讲究，豆汁儿首先要烫，偶尔咕嘟着几个泡的热度最好，再者必须得配上切得极细的芥菜疙瘩丝儿，淋上辣油，同时还得搭上两个焦圈，吃起来主味酸、回味甜、芥菜咸、红油辣，五味中占了四味，再加上焦圈的脆和香，绝配！

“豆汁儿是手工慢慢熬制的，环境、天气，甚至制作者的心情都会影响到它的味道，它可能不标准，但是充满人情味儿。”几年的沉淀和成长让徐嘉祥悟出了老北京人留恋豆汁儿的真谛，是那种人情，那种喝的氛围，那种平和的生活的味道。

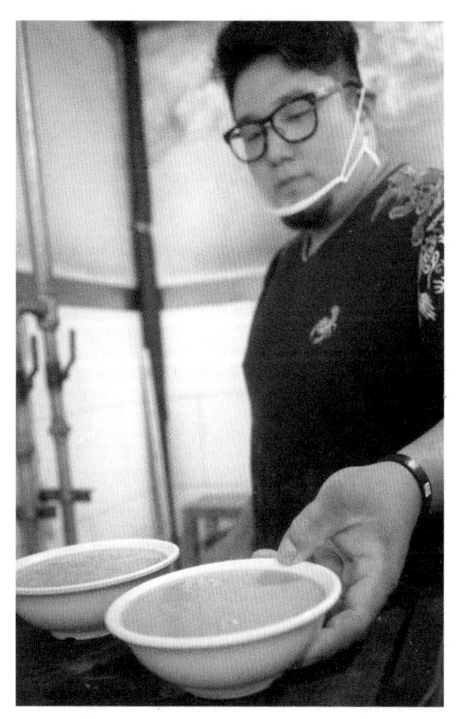

豆汁店掌柜徐嘉祥

徐嘉祥喜欢和老主顾们聊天，很多人是看着他长大的，这让他回想起自己从小住的胡同大院，邻里街坊处得像一家人，他自小就是“胡同串儿”，吃百家饭长大的。如今，这种温暖的人情可能只有在这样的老豆汁店里才能找到了。

徐嘉祥说，在北京有三百年历史的豆汁儿其实是一种很特殊的食物，“糟粕做粥，不拘贫富，老少齐坐共饮，上供皇家，下卖乞者”。没有贫富贵贱，不论身份地位，豆汁儿拉近了人与人之间的距离。大家一起享受的，便是这朴实无华，却又舒爽温馨的市井生活的乐趣。这样的人情之美，正是老北京最让人留恋的地方。

丰泽园

一道海参能做出多少花样？顶级鲁菜馆的京城沉浮录

多年前曾经在丰泽园吃过一次招牌菜葱烧海参，那味道竟是久久不能忘记，香浓醇厚，芡汁红亮，葱香诱人。葱烧海参是鲁菜的当家菜，由此想到老北京的俗语“吃了丰泽园，鲁菜都尝遍”“穿鞋内联升，吃菜丰泽园”，看来不无道理。

一道海参能做出这么多花样

在北京，提到鲁菜，人们首先想到的是丰泽园；在丰泽园，说起最出名的菜品，无疑当数葱烧海参。它牛到什么程度？丰泽园总厨师长尹振江曾经说过，仅这一道菜，几乎占了丰泽园全部营业收入的三成，很多食客就是冲着它来的。

丰泽园的葱烧海参为什么这么出名？尹振江介绍，丰泽园是最早采用煳葱油、炒糖色等技法来烹制葱烧海参的，这样做不仅彻底去除了海参的腥味，而且汁少、入味、色泽光亮。1983年，尹振江的师父、鲁菜泰斗王义均凭借这道菜夺得全国大赛金奖。

被评为“全国十大名厨”之一的王义均可以说是丰泽园的骄傲。他来自名厨之乡山东福山，从十三四岁就进入丰泽园当学徒。1955年，毛泽东主席、周恩来总理给元帅、将军们授衔的宴会上，王义均曾被请去主厨。在1983年的中国烹饪技术比赛中，他凭着一道葱烧海参，赢得了金奖。从此，他在中国国内餐饮界有了“海参王”的美誉，更令丰泽园的葱烧海参名扬天下。现如今，北京地区的葱烧海参，基本都是遵循了丰泽园的做法。

丰泽园的招牌菜葱烧海参

行家都知道，干海参的泡发是门学问。1 斤干海参发制出多少成品，全靠商家自己掌握。有的商家为了追求出成率，1 斤干参，一般会发到 11 斤左右，这样的海参看着挺大，里面都是水，根本无法入味。据尹振江介绍，丰泽园都是自己发制海参，为了保证质量，1 斤干参发到 6.5 ~ 7 斤就停止了，这样炒出来的菜不会出水，口感最佳。

如今，出于对健康的考虑，丰泽园的葱烧海参也进行了改良。以前炒糖色是让糖在高温下形成焦糖，虽然色泽漂亮，但容易产生有害物质，现在主要是靠红曲米来配色，既保持了色泽红亮，也更加营养健康，符合现代人的健康需要。

丰泽园的葱烧海参吃过后确实令人难忘：诱人的葱香，红润馥郁的芡汁和海参微微有些弹牙的口感。当鲜浓的芡汁在口中弥漫，将海参送入口中，再配上一碗白饭，那美妙的滋味真的希望可以停留得久一些。

再去丰泽园的时候，我发现菜单上的海参菜已不仅仅是葱烧海参这道招牌。据介绍，他们还开发出了一系列海参菜品，如麻酱海参、雀巢海参鹌脯、乌龙过海、三鲜酿海参、山东海参、海参营养粥、海参小笼汤包、海参丁馒头……这么多“海参开会”也就独此一家了。真是只有想不到，没有做不到，只可惜还没有机会一一品尝。

此“丰泽园”非彼“丰泽园”

从很早的时候，我就对“丰泽园”这名字有些好奇，估计很多人有同样的疑问：他们竟然取了一个和毛主席在中南海的居所一样

丰泽园旧照

的名字。这难道是巧合吗？查了资料后，我才知道这俩“丰泽园”还真是有些联系，饭店的名字就是九十多年前在中南海的丰泽园商定的。当然，他们绝想不到日后这里会成为毛主席的故居。

1930 年，京城“八大楼”之一的新丰楼饭庄的名堂栾学堂、名厨陈焕章辞职，带走了二十位师傅，在同德银号老板姚泽圣、西单商场经理雍胜远出资五千块大洋的扶持下，选择了北京前门外煤市街南口的一个四合院开办了丰泽园饭庄。开业前，姚泽圣召集股东们在中南海丰泽园内共议开张事宜，当时邀请了书法家李琦参加。当讨论到给饭庄起个什么名字的时候，各位股东各抒己见，相持不下。这时，李琦说：“居、轩、楼、斋都太俗气了，我想就以咱们开会的地方‘丰泽园’为名最合适。取‘丰泽’二字，象征菜肴丰饶、味道润泽之意。”大家对此一致同意，随即由李琦书写了匾额。

丰泽园饭庄一开业，就定位走高端路线，奔着京城顶级饭馆去的，因此一开始就从餐厅的布置上煞费苦心。讲究到什么程度呢？2020 年 9 月 22 日，丰泽园九十周年店庆的时候展出了一些当年店里使用的物品，确实让人开了眼界。

丰泽园开业之初是个四进大院，青堂瓦舍，整齐宽敞。厅堂里装饰着名人字画，包间里的酒杯、果盘、布碟等餐具都是银制的，由当时著名银铺德兴号打造。由于菜肴制作精细、风格独特、服务周到，丰泽园开业不久就成为旧时京城的达官显贵、社会名流们饮宴酬答聚会之地。当年人们来丰泽园饭庄吃饭，就像现在的“网红”餐馆一样需要排号等位。在丰泽园排号可不是像现在给张纸条就打发了，他们专门定制了一种等位铜牌，铜牌上的刻字按照《千字文》中“天地玄黄，宇宙洪荒，日月盈昃，辰宿列张”的顺序排列，字后面还有号，表明不同人数的桌子和不同的包间。当年店里经常使用的黄酒壶和黄酒碗，酒碗背后都刻有“大清光绪年制”的字样。听老人们讲，这些碗都是创始人栾学堂当年一个一个从琉璃厂淘换来的。

《中国烹饪百科全书》中写道：“在北京的山东风味名餐馆有三十多家，但以丰泽园饭庄名气最大。该店建于1930年，几代名厨掌灶，所制菜品清鲜脆嫩，卓尔不凡，尤以清汤、奶汤菜冠名全市。”清汤、奶汤是丰泽园制作许多菜品必用的辅料，其中清汤色清而鲜，奶汤色白而醇，故有“百鲜都在一口汤”之说。

唐鲁孙在回忆北平饭馆的文章中也特意写到丰泽园：“丰泽园开在煤市街，在三英（三家比较新派的山东馆，是泰丰楼、新丰楼、丰泽园，同行管它们叫登莱三英）中属于后起之秀，他家的‘糟蒸鸭肝’，不但美食而且美器，盛菜的大磁盘，不是白地青花，就是仿乾隆五彩，盘上罩着一只擦得雪亮光银盖子，菜一上桌，一掀盖子，鸭肝都是对切矗立，排列得整整齐齐，往大里说像曲阜孔庙的碑林，往小里说像一匣鸡血寿山石的印章。这个菜的妙处第一毫无一点腥气，第二是蒸得恰到好处，不老不嫩。”

民国时期，丰泽园饭庄这家京城顶级鲁菜馆吸引了无数名人，其中有曹锟、段祺瑞、吴佩孚、韩复榘、张学良、傅作义等军阀政客，也有胡适、周作人、朱自清、闻一多、梁思成、巴金等文人墨客，还有梅兰芳、荀慧生、谭富英、尚小云、程砚秋、张大千、齐白石、徐悲鸿、施今墨等社会各界名流。他们的光顾，更使丰泽园声名大噪。

如今的丰泽园内景

几度沉浮终于恢复名号

1952年实行公私合营，丰泽园与全聚德、同和居成为北京市首批公私合营的饭庄。20世纪五六十年代，丰泽园是中国国家领导人举行公务宴请外宾活动的重要场所之一，如胡志明、西哈努克亲王、田中角荣、基辛格、布什等都曾到此就餐。1963年9月16日，周恩来总理在丰泽园宴请外宾后，看望并感谢主灶的王元吉老师傅，嘱咐他把山东菜做好，带好徒弟，别失传了。可见周总理对老师傅的关心，对老字号保持传统风味的重视。

“文化大革命”时期，丰泽园先是更名为“春风饭馆”，最后成了“大众餐厅”，一大批名厨去烙大饼、蒸窝窝头、擀面条，临街叫卖。这种状况一直持续到1970年。万里同志恢复工作后，亲自过问丰泽园的情况，指导大家恢复正常经营，还扩大丰泽园营业面积，在旁边盖了一座三层楼。1972年4月新楼落成，名厨们各就各位，饭庄才又正式开业，不过，当时还不敢恢复“丰泽园”原名，只是将“大众餐厅”改成了“春风饭庄”。

而丰泽园老字号的恢复，还多亏时任中国外交部长的姬鹏飞同志。他到丰泽园视察工作，抬头看到大门上的匾额时皱起眉头。“为什么叫春风饭庄？老字号怎么可以随随便便改？”丰泽园终于重新挂上了自己的匾额，恢复了原名。1991年，丰泽园饭庄从煤市街迁至珠市口西大街，并改名为“丰泽园饭店”。

一晃九十年过去了，几经沉浮的丰泽园如今依旧名声不减。京城许多资深吃客依然惦记着它，要尝正宗鲁菜来这里准没错。除了葱烧海参，这里还有不少令人难以忘怀的美食。我印象最深的就是烩乌鱼蛋汤，它是丰泽园传统汤菜之一，属于进店必点。乌鱼蛋选用墨斗鱼的卵线手撕成片，口感酸辣适口，高汤浓厚，营养价值很高。当年毛泽东主席喝过此汤后赞不绝口，称丰泽园的烩乌鱼蛋汤为“京城一绝”。

丰泽园的特色面食其实大家更为熟悉，现在不少超市都能买到。最爱他家的烤馒头，精选玫瑰粉纯手工揉制而成，烤后呈金黄色，外焦内暄软，口味微甜。还有烤银丝卷，小孩子喜欢边吃边玩，是用油和的面，抻成的白面丝，口味也是甜甜的。丰泽园还可以订寿桃，最出名的一款是“百子寿桃”。曾见过朋友给家里老人做寿买过，是由一个大寿桃肚子里装一百个小桃组成，寓意“多福多寿多吉祥”，真是又好吃又精美。这样的面点手艺在北京也是不多见了。

晋阳饭庄

左边紫藤花，右边香酥鸭，隔着二百余年时光和纪大人对饮

不少人是因为《铁齿铜牙纪晓岚》这个电视剧才知道晋阳饭庄，惊叹原来纪晓岚的故居变成了一家饭馆。实际上，作为北京城里最早主营山西风味菜肴的老字号，晋阳饭庄自从 1959 年开业以来就是妥妥的名店，被称为“正宗山西味，京城第一家”。

如今，纪晓岚故居已受到保护成为纪念馆，晋阳饭庄也扩建成三层楼，吃完饭可免费游览故居。左边紫藤花，右边香酥鸭，说不清究竟是门前藤萝香还是门内鸭子香，这也算是美食和文化的相得益彰吧！

紫藤花下品藤萝饼

记得去晋阳饭庄是一个五月天，朋友说这里有一种别家没有的

美味，于是欣然前往，去了才知说的是藤萝饼。每到春夏之交，南城的很多人会惦记这道由藤萝花做成的点心，晋阳饭庄这个季节会专门制作藤萝宴。

藤萝饼现在已不多见了，早年间在老式饽饽铺所制糕点中亦为上选。它是老北京的特色传统小吃，酥皮层次丰富，香甜适口，酥松绵软，具有浓郁的鲜藤萝花清香味。清富察敦崇《燕京岁时记》载：“以藤萝花为之者，谓之藤萝饼。皆应时之食物也。”

享用藤萝宴之前，我先去参观了纪晓岚故居，据说目前的故居只是原有宅院的一部分，前院紫藤、后院海棠都是纪晓岚亲手种

纪晓岚故居

藤萝宴

下的。紫藤原是二进院落里的，但现在前面的院子拆了，紫藤便临街，远远就能看见，至今虽经二百余年，但仍枝蔓盘绕，绿叶遮天。据记载，纪晓岚在这里住了两个阶段，分别是十一岁到三十九岁和四十八岁到八十二岁，前后共计六十二年。

纪晓岚一生最大的贡献就是总撰《四库全书》和创作《阅微草堂笔记》。《四库全书》的浩大工程倾注了纪晓岚的毕生精力，使他名垂青史，而《阅微草堂笔记》则诙谐有趣，一千二百多个故事写尽人生百态。“阅微草堂”是纪晓岚的书房，就在此处。

每年的 5 月，紫藤花如期而至，二百多年从不间断。纪晓岚

《阅微草堂笔记》中有记载，“其阴满地，花香袭人。用此花瓣所制作的藤萝酥，有清热去毒之功效”。不知道他当年是否做过，但如今晋阳饭庄的大厨们真的将清香的藤萝花制成了美味的藤萝宴，藤萝饼、藤萝酥不一而足，而且一年仅此一次，错过了就只能等待来年。

紫藤花下品藤萝饼，入口清甜，酥香绵软，斟一杯清茶，遥想着和二百多年前此处的主人对饮，实在是一件风雅的妙事。大概正因为此，晋阳饭庄吸引了大批的作家名人，如老舍、曹禺、臧克家、张中行等。他们或曾在此祝寿、赋诗，或欣赏美景、品尝佳肴。老舍就曾兴之所至，在此留下了“驼峰熊掌岂堪夸，猫耳拨鱼实且华。四座风香春几许，庭前十丈紫藤花”的诗句。

老舍夸奖的平民美食

老舍先生在诗中已经给我们留下了“美食指南”，那就一定要尝尝他夸赞“实且华”的猫耳朵与拨鱼了，这可是正宗的山西经典面食。

很喜欢“猫耳朵”这个名字，绝对是意大利螺纹面的前身鼻祖，却比意大利人来得浪漫，如同小猫柔软的耳朵，如果不能马上放到嘴里，就会馋得小爪挠心。

据说早在元代，猫耳朵就开始在山西流行了，不过山西人称之为圪垛儿、圪搓面，到了明清时期，传播到陕冀鲁豫乃至江南一带，相传乾隆下江南时曾食之夸赞，因其形似猫耳，呼为猫耳朵。它的制作过程很是有趣，师傅们将和好的面切成黄豆粒大小的细丁，用手或竹筷在案子上一粒粒捻成卷儿，煮好出锅，那一片片猫耳朵就成功一半了。把猫耳朵在开水里煮熟，画龙点睛的浇头此时就该亮相了。比较讲究的吃法，制卤时多用木耳、香菇、金针、腐竹、平菇、鸡蛋、水淀粉。烹饪时，先在炒锅内放少许猪油，爆香花椒、葱、姜、蒜，加入除鸡蛋以外的其他材料，再放适量盐和老抽炒香，之后加水，大火煮沸，将鸡蛋打散，倒入锅内，煮开时勾入水淀粉即成，吃时浇上老陈醋那就更美了。

而另一种山西面食——拨鱼则风味不同。为什么叫拨鱼呢？因为它两头尖，中间粗，呈小鱼肚形状。面点师傅们用一根三棱竹筷，将盛在盘内的面糊，一筷一筷拨入开水中，一两面要拨 40 条一寸左右长的面条。那面条在水中上下翻滚，犹如银鱼戏水，煞是好看。吃的时候配上卤汁浇头，分量随心所欲，但陈醋是一定不能少的。

据店家介绍，山西有上百种面食，实在令人惊叹，而其中最有名的就是刀削面，这也是来晋阳饭庄几乎每桌必点的主食。

刀削面据说起源于元朝。蒙古人侵占中原后，为防止汉人反抗，规定十户用厨刀一把。有一户人家没有厨刀，无奈之下只好用薄铁皮“砍”面，没想到却意外的好吃，于是这种“砍面”之法就流传开来。清末《素食说略》记载，传统的操作方法是一手托面，一手拿刀，直接削到开水锅里。要说吃刀削面是饱了口福，那么观看刀削面则饱了眼福。据说高手们削出的面条，每条长 21 厘米左右，宽 0.2 ~ 0.4 厘米，每分钟削 118 刀，堪称艺术表演。刀削面最大的特点是柔中有硬、软中有韧，浇卤、热炒或凉拌，均有独特风味，当然，也要配山西老陈醋。

晋阳饭庄的刀削面

左边紫藤花，右边香酥鸭

除了山西面食，晋阳饭庄还有两样最著名的招牌菜，那就是香酥鸭和过油肉。

晋阳饭庄开业的时候，曾带来一种山西风味——焖炉烧鸭。尽管味道不错，但京城各种烧鸭处处皆是，其味也大同小异，因此晋阳饭庄的烧鸭并不畅销。名厨们经再三研究、试验，终于制作出别有风味的香酥鸭。晋阳饭庄的香酥鸭因经过高温的蒸炸，肥油大多溢出，成为脱脂高蛋白，吃起来外焦里嫩、香脆可口。拌上葱丝、甜酱，放入热乎的空心荷叶饼中，连饼带肉一口咬下去，溢出来的是甜酱的酱汁，香酥鸭的肉香夹杂着荷叶饼的面香，咸甜适口，简直是绝配。

过油肉也是经典的山西美食，具有浓厚的地方特色，号称“三晋一味”。据说原是官府菜，后来才流落到民间的。这道菜用精选瘦肉，配天然黑木耳、蘑菇、冬笋炒过。成品色泽金黄，闻着有浓郁的醋香，令人胃口大开。肉片非常滑嫩，配上一碗白米饭，真是下饭神器。晋阳饭庄还有不少名菜，如肉丝温粉皮、太原焖羊肉、两吃大虾等，都值得一尝。

我尝闻晋阳饭庄还曾推出过“草堂文化宴”，每晚仅一桌，需要提前预订，推出的精品菜肴有紫藤幽香、海棠情思、太守环球等，

晋阳饭庄的香酥鸭

都是以纪晓岚故事和故居景物命名的菜肴。著名的菜品还有董寿平老先生创意的八宝万寿盅以及令美国前总统老布什和两位国务卿垂涎的晋阳香酥鸭等。他家的香酥鸭选好填鸭，先用十多种中药腌够，然后上锅蒸四个多小时，再下锅炸……成品酥香适口，弃除油腻。食客捉起空心面饼，夹入鸭肉，再配上特制的面酱、葱丝、瓜条，能不大快朵颐?!

晚间游人散尽，静坐纪晓岚故居草堂内，在紫藤与海棠、琴声与月色的簇拥下，神游历史与现实间，品味文化与美食的盛宴，确实颇为风雅，但因价格不菲还在京城引发了一番热议。说来此宴颇令人遐想，但至今我也猜不出“海棠情思”会是什么味道。

正阳楼

它名列京城“八大楼”，在民国美文里留下一段传说

雪白的葱白正拌炒着肥嫩的羊肉；一碗酒，四两肉，有两三毛钱就可以混个醉饱。高粱红的河蟹，用席篓装着，沿街叫卖，而会享受的人们会到正阳楼去用小小的木槌，轻轻敲裂那毛茸茸的蟹脚……

每次看到老舍在《四世同堂》中的这一段文字，都会禁不住怦然心动，对文中写到的正阳楼生出无限向往。正阳楼是京城“八大楼”之一，它的名字频繁出现在民国美文里，想要忽略都不行。借由这些文字，它已经成为美食界的一段传说，虽然今天已经风流云散，但那些故事还在世间流传。

北京最著名的吃螃蟹去处

正阳楼始建于清道光年间，开业时就是一家小酒馆，卖白酒和黄酒，还有一些下酒菜，如煮花生、玫瑰枣、排叉、豆腐干、小酥鱼、辣白菜、羊头肉、猪口条之类。掌柜脑子灵活，借中轴线上的地标建筑——正阳门来“蹭热度”，将自己新开的无名小店取名为“正阳楼”，口气不小。

这家饭馆以经营山东风味菜为主，本来在京城寂寂无名，但是民国初期却忽然异军突起，主要是因为增添了别具一格的螃蟹菜和烤涮肉，一时誉满京城。梁实秋先生在《蟹》一文中写道：“在北平吃螃蟹唯一好去处是前门外肉市正阳楼。”

那时候还不兴吃阳澄湖大闸蟹，北京市上所售螃蟹，全都以天津胜芳镇所产的“胜芳螃蟹”为号召。据说螃蟹到京以后，首先由正阳楼和其他大庄馆挑选第一路的“帽儿货”，其次才分到西河沿、东单牌楼、东四牌楼的鱼床子。唐鲁孙在《天下味》中证实此事：“‘七七事变’前夕，前门大菜市螃蟹一卸车，始终由正阳楼优先挑选，那是丝毫不假。”

正阳楼买来最好的螃蟹，通常要先养上几天，一是让螃蟹去去泥沙，二是喂它吃鸡蛋液，能增肥。正阳楼的螃蟹味儿地道，据说是因为在蒸螃蟹时加了紫苏，既去了腥味，还使蟹肉鲜美。

老舍文中提到的“小木槌”是正阳楼独有的吃螃蟹的工具，透着那么一份儿讲究。您只要进门儿落座，伙计就给您先送上一个圆木托，一个杨木小槌。顷刻之间，热气腾腾的螃蟹上来，您将螃蟹放在木托上，槌落脐开。如梁实秋记：“食客每人一副小木槌、小木

19 世纪的正阳门城楼

给予正阳楼高度评价的梁实秋

垫，黄杨木制，旋床子定制的，小巧合用，敲敲打打，可免牙咬手剥之劳。”

吃完螃蟹，很多人津津乐道的还有那一碗汆大甲汤，整只螃蟹才算吃完了。您如果还没吃饱，可以再要一份烧饼夹羊肉。梁实秋评价：“这碗汤妙趣无穷，高汤一碗煮沸，投下剥好了的蟹螯七八块，立即起锅注在碗内，洒上芫荽末、胡椒粉和切碎了的回锅老油条。除了这一味汆大甲，没有别的羹汤可以压得住这一餐饭的阵脚。”

远在他乡，依然思念北平的烤羊肉

民国初期，正阳楼的爆烤涮已经成了京城秋冬季节的首选，尤其是炙子烤肉。梁实秋又点名道姓地夸赞：“北平烤羊肉以前门肉市正阳楼为最有名。”他是有多爱这家饭馆！

梁实秋后来在山东任教，还经常想念北平正阳楼的烤肉。在他的记忆里，正阳楼的烤肉炙子，比“烤肉宛”“烤肉季”的要小得多，直径不过二尺，放在四张八仙桌子上，都是摆在小院里，四围是四把条凳。三五个人一伙围着一个桌子，抬起一条腿踩在条凳上，边烤边饮边吃边说笑，这是标准的吃烤肉架势。

民国时期正阳楼中庭吃炙子烤肉的食客

女客喜欢到正阳楼吃烤肉，比较文静一些，不愿意露天自己烤，伙计们可以烤好送进房里来。烤肉用的不是炭，不是柴，而是烧过除烟的松树枝子，所以带有特殊香气。烤肉不需多少佐料，有大葱、香菜、酱油就行。主食是香油烙饼。吃好后喝小米粥，佐以自家腌的水疙瘩丝（一种咸菜）。肉香扑鼻，松香味更浓，烤肉的香气随风飘去。

正阳楼的涮羊肉也很有名，所用的羊都是由专人从口外购买，在永定门附近设有羊圈，赶来的羊要先放入羊圈中喂养一段时间，等上了膘之后再宰杀。在正阳楼吃涮羊肉，据老人们说，讲究的是佐料全。这里的佐料有小磨香油、芝麻酱、酱豆腐、韭菜花、酱油、米醋、卤虾油、辣椒油、花椒油、料酒、糖蒜、白菜、香菜、酸菜、粉丝等近二十种，火锅里还要放上鲜蘑。

梁实秋充满感情地写过不少关于正阳楼的文字，远在他乡时，每次想起都会垂涎欲滴。正阳楼为什么有这么大魅力呢？

一个是风味独特。过去，老北京经营烤涮牛羊肉的餐馆、饭庄，历来以清真者居多，如众所周知的烤肉宛、烤肉季、东来顺、西来顺、又一顺等，而正阳楼却是由汉族人所开，火锅内掺入鸡鸭汤、猪肉汤、口蘑等，所以在味道上与清真馆不同。

再有就是正阳楼师傅切肉的绝活儿。无论是上脑、黄瓜条、三叉还是大肥片，都切得飞薄。切肉的师傅就在柜台近处表演他的刀法，一块肉用一块布蒙盖着，一手按着肉一手切，刀法利落。当年，肉不是电冰柜里的冻肉，就是冬寒天冻，肉还是软软的，没有手艺是切不好的。切肉的技法决定了烤肉和涮肉的品质，正阳楼当年就是凭借这一手过人之处在京城涮烤馆子里独占鳌头。

正阳楼牌匾

一家老字号的变迁与消亡

然而，切肉这项绝活儿，正阳楼成也在此，败也在此。东来顺第四代非遗传人陈立新大师给我讲过东来顺早年间的往事，里面竟有正阳楼的一段故事。

陈师傅说，当时，前门外正阳楼饭庄有位山西籍厨师，叫郑春荣，刀功精湛，选肉切肉都有独到之处，因而正阳楼的涮羊肉以鲜嫩可口闻名京城。东来顺的老掌柜丁子清便想方设法要结识这位厨师，一见面，俩人竟是旧相识，他们当年曾一起拉过黄土。最后丁子清帮郑师傅还上了欠正阳楼的预支款，高薪把他挖到了东来顺。不久，东来顺成为京城排第一的涮肉馆，正阳楼逐渐没落了。

再加上七七事变之后物资匮乏，民不聊生，1942 年正阳楼因亏损关门停业。

新中国成立后，正阳楼在肉市北口外、正阳桥牌坊东侧重新开张。新中国成立初期，正阳楼曾经相当红火了一阵子。1956 年公私合营后，正阳楼原址被改造成前门日夜大食堂。

前门日夜大食堂共有两层，一楼经营快餐，二楼经营炒菜。一楼设有南北通透的穿堂门，客流量极大。顾客从前门进，吃完饭从后门出，整个大厅内熙熙攘攘，人群穿梭往来，打饭菜的窗口通常都排着长队。讲究的人则会上二楼下馆子吃炒菜，现在还有老人记得，七寸盘的熘肉片要一毛五，宫保鸡丁得花五毛，这对于普通百姓来说是一笔不小的开销。

幸运的是，因为正阳楼原址一直存在，传统菜品也被一些老师傅在有意无意中继承下来，所以 20 世纪 80 年代北京恢复老字号之际，正阳楼也于 1984 年在前门西打磨厂重新开张，并延续了之前“大食堂”的风格：一层经营“京式”快餐、套餐、各种凉菜、扎啤及其他冷热饮；二层主营葱烧海参、一品蟹肉、芙蓉蟹肉、炸鲜贝串、炒生鸡片等山东风味菜肴，并推出独家拳头产品——蟹宴，还备有为客人吃蟹用的专用工具。正阳楼当年的风采依稀又回来了。

但随着前门地区的改造，西打磨厂正阳楼关张了，曾经在天坛南门以西的正阳楼独立店现在也不知下落，只有北京的顺义区还有一家正阳楼，不知道是否是老店延续的支脉。

随着时间的推移，昔日正阳楼烤肉的香味儿已经随风散去，只留在老人们的记忆深处，成为民国美文中的一段传说了。

致美楼

一家点心铺的逆袭，梁实秋爱吃的这道名菜“满血复活”

很多北京老饕都知道，老北京饭馆的等级相当森严，存在一条看不见的“鄙视链”，如“八大堂”“八大居”“八大楼”“八大坊”“八大春”代表了饭馆的不同等级和特色，难以僭越。但是有一家字号带“斋”的点心铺，却成功实现了逆袭，最终跻身“八大楼”，它就是致美斋，又叫致美楼。

梁实秋文中找到“铁证”

就算是老北京，有时候也被致美斋和致美楼搞糊涂了。这两家一字之差的餐厅到底有没有关系呢？当然有，还特别深，剪不断，理还乱。

致美斋最早是家南味点心铺，以经营姑苏风味的萝卜丝饼、焖炉火烧和双馅馄饨出名，中秋还卖月饼。据传，乾隆皇帝的御用厨师景启告老出宫后，在致美斋掌头灶，致美斋遂开始在小吃糕点之外经营炒菜。景启曾随乾隆皇帝数次南巡，学到了很多南方名菜的做法，将宫廷御膳和民间菜品相结合，使得致美斋名噪一时。“集南北烹调之精，汇御膳民食之粹”，风头一时无两。到了光绪二十八年（1902），致美楼在离致美斋不远的煤市街对面一座四合院内开业，不久跻身京城“八大楼”。

有人认为，致美楼由原致美斋伙计跳槽后与别人合伙而开。另一个说法是致美斋兄弟分家，分出去者新开了致美楼。真实情况究竟怎样呢？

民国时期致美楼的一则登报广告

梁实秋先生曾在《锅烧鸡》一文中提到致美楼的来源，可以说是个重要参考：“（致美斋）因生意鼎盛，在对面一个非常细窄的尽头开辟出一个致美楼，楼上楼下全是雅座。但是厨房还是路东的致美斋的老厨房，做好了菜由小力巴提着盒子送过街。”

梁实秋先生的回忆印证了致美斋和致美楼其实是“一家两号”，致美斋专接散座，对面致美楼全是雅座，共用致美斋一个厨房。因为不设厨房，所以致美楼比较清静，就餐环境比致美斋要好。致美楼供应清汤官燕、红扒熊掌、扒驼峰等高档宴席菜，清朝著名书法家王埣还为其题写了“致美楼”匾额。

清人崇彝在其著作《道咸以来朝野杂记》中记载：“京师南城外饭馆，……至最久而不衰者，惟泰丰楼、致美斋二处。”民国初年，致美楼被卖给了李氏、杨氏、张氏三位山东人，所以致美楼的菜式越来越鲁菜化，生意一度非常火爆。

从翻毛月饼到炸馄饨

致美楼因为是点心铺出身，所以在京城“八大楼”里点心做得最地道。笔者曾听过御厨传人、富华斋饽饽铺创始人王希富老人讲起他的父亲，致美楼名厨王殿臣的一段往事。

清光绪年间，王希富的外祖父陈光寿在内务府所属的御茶膳房任职，祖父王文山也是每天揣着腰牌进宫为皇上和宫妃赶骡车。老哥俩认识后，常在一起喝茶。这一天，两位爷自带了饽饽，陈光寿带的是自己亲手做的瓜仁油松月饼，而王文山带的是儿子王殿臣

已由富华斋饽饽铺恢复了的翻毛月饼

做的致美楼名点——翻毛月饼。“这月饼半斤一块，洁白如雪，温润如酥。虽说是酥皮，可包里包外没落一片残渣碎片，恰似和田白玉琢磨而成。切开再看，那心馅果料新鲜、均匀，糖面搓得散落酥松，红绿白黄，色泽喜人。”

翻毛月饼如今已经基本失传，当年因为慈禧太后喜欢，这种点心成为京城月饼中的名品，除了御膳房也就是致美楼拿手。陈光寿对于王殿臣的手艺赞不绝口，后来将女儿许配给了他。就这样，一段月饼传奇，两家勤行姻缘，造就了一个京城瞩目的名厨家族。现如今，在王希富先生的指导下，富华斋饽饽铺恢复了翻毛月饼，应该是当年致美楼的旧味道。

致美楼还有一样小吃，因梁实秋的赞美令人印象深刻。在《煎馄饨》一文中，他这样写道："我最激赏的是致美斋的煎馄饨，每个馄饨都包得非常俏式，薄薄的皮子挺拔舒翘，像是天主教修女的白布帽子。入油锅慢火生炸，炸黄之后再上小型蒸屉猛蒸片刻，立即带屉上桌。馄饨皮软而微韧，有异趣。"不知道有异趣的煎馄饨今天还在不在？

"满血复活"的民国味道

致美楼完成了从点心铺到著名饭馆的华丽转变，名声越来越大。在很多京城吃客的回忆中，他家名菜首推四做鱼（又称四吃鱼）。"四吃"分别是红烧鱼头、糖醋瓦块、酱汁中段、糟熘鱼片。四味鱼馔，色香味个个不同，被誉为看家菜。其中，红烧鱼头，贵在鲜而不腥；糖醋瓦块，鱼片切成方块，先炸后烧，味兼甜咸，形如瓦块；酱汁中段，是用鱼身肉厚部位烹制，上浇甜酱浓汁，味道醇美；糟熘鱼片，则一色纯白，糟味香浓，鲜嫩异常。

可惜的是致美楼在20世纪30年代因故歇业，直到1980年致美楼在长椿街10号亮出了老字号牌匾重张，聘请了当年在致美楼掌勺的厨师张守锡，由他领衔挖掘整理出清汤官燕、红扒熊掌、扒驼峰、炸烹活蟹、菊花鱼鲜火锅等一批菜肴。著名书法家启功曾写诗称赞：

致美楼（广内店）外景

“致美早名扬，烹调擅四方。老号非过誉，有暇请来尝。”后来几经沉浮，店址目前在前门西大街，广内也有分店。

如今的致美楼在创新菜品的同时，仍致力于恢复老味道，这其中就包括梁实秋在文中念念不忘的锅烧鸡。梁实秋真的很爱致美楼,《雅舍谈吃》中多次提到。他六岁时陪祖父在致美楼吃饭，竟喝起酒来，几杯花雕酒下肚后，已是醉眼蒙眬，酒劲上来了，还向祖父赖酒喝；外出回京，他扔下行李还没回家就先到致美楼大快朵颐，吃汤爆肚、水爆肚和油爆肚。有意思的是，虽然他明知道致美楼成名绝技“一鱼四吃”，但在笔下直承：“致美斋的鱼是做得不错，我所最欣赏的却别有所在。锅烧鸡是其中之一。”

梁先生念念不忘的锅烧鸡，做法其实已经失传，关于其制作方法，他也只留下寥寥数笔："整只鸡在酱油里略浸一下，下油锅炸，炸到皮黄而脆。以鸡杂为卤，是一道非常棒的下酒菜。"

怎么恢复这道名菜呢？这可难坏了厨师长关长瑞。一只鸡可不是乳鸽，就算梁先生说的半大不小，也不可能下锅一炸就那么好吃啊。想来想去，关长瑞心头灵光一现：要想炸得皮黄而脆，肉还得软烂好吃，那不是先蒸后炸的香酥鸭吗？按照这个思路，他把鸡蒸好了之后，在酱油里略浸一下再下锅炸，配上用鸡杂烧制的鲜香咸香的卤汁，果然颜色、味道、口感俱佳。梁先生文章中的锅烧鸡，就这么"满血复活"了！

王致和臭豆腐

太后赐名阿哥叫卖，北京最有“味道”的美食非它莫属

它是北京的一道重口味美食，独特的味道让人避之唯恐不及，吃起来却又香得让人停不下口，真是“一臭万里，飘香万家”！据说近些年不少外国朋友也爱上了这口，还给它起了个雅号，叫“东方奶酪”。没错，它就是北京特产——王致和臭豆腐。

这样吃才是臭豆腐的真粉丝

北京臭豆腐的外表呈浅灰色，闻着极臭，吃到嘴里却感觉绵软细腻，有独特的香味。作为一个北京土著，我家冰箱里的常备佐餐小菜绝对少不了王致和的酱豆腐和臭豆腐。比之酱豆腐万物皆可抹，我私下觉得臭豆腐的出场更具仪式感。

秋冬季节，天短夜长，风寒逼人，在外奔波一天，浑身感觉透

百搭的王致和臭豆腐

心冷，回家拿出两块臭豆腐，在上面滴上几滴香油或辣椒油，用筷子尖头切下一小块，抹在刚出锅的热馒头或热窝头上，咬上一口，就着热乎乎的面片汤或者小米粥，身上顿时暖和轻松多了。对于我这样的资深吃货来说，还有更高的要求，最好配新炸好刚出锅的窝头片，金黄焦香，带着玉米的清新气味，再细细抹上一层臭豆腐，满口留香，那滋味只可意会不可言传！

然而，真正热爱臭豆腐的老饕告诉我，臭豆腐还有另外一种吃法，那就是臭豆腐汁拌面。听起来不怎么好听，但真吃起来绝对好吃，再浇上一勺刚炸好的辣椒油，别有一番风味儿。这也是老北京的一种吃食，面码儿很讲究，有青豆嘴儿、掐菜、白菜丝儿、菠菜段儿等等。据老人讲，几十年前北京王府井的东安市场里，有专门卖臭豆腐汁拌捞面的，就着热腾腾的面条，不少人能吃两大碗。虽说这是“穷人乐”，但臭豆腐价钱便宜却不缺营养，腐乳顺滑的口感与丰富蛋白质及益生菌含量都与奶酪十分相似，因此外国朋友称之为“东方奶酪”并不是没有道理。

小小“青方”来历不简单

王致和臭豆腐现在已成著名老字号品牌，不过，早年间走街串巷的小商贩们卖臭豆腐都会加上“王致和”三个字，以示正宗，其实难辨真假。因为王致和是臭豆腐的发明人，许多人不过是借用他的“名牌”而已！

被慈禧赐名“青方”的王致和臭豆腐

王致和是清康熙年间的一位举人。为什么读书人会发明臭豆腐呢？原来这竟是一个失误造成的。王致和是康熙八年（1669）江南贡院乡试的举人。资料显示，那一年安徽一省中的举人一共才有十五个人，而王致和家并非书香门第，几代都以卖豆腐为生，他的中举显示了他是个真正的学霸。他来到北京，希望金榜题名，没想到却名落孙山。为了不辜负父母的期望，他决定暂留京师参加下次的会试，为了维持生计，只好边卖豆腐边读书。

由于经验不足，有一次王致和把豆腐做多了。为了不浪费，他想起了家乡制作腐乳的方法。他先将豆腐切成小块，然后晒干入坛，并且配以花椒和盐等调料加以腌制，最后用泥土封坛。可是不久，他就把这事儿忘得一干二净。三个多月后，王致和突然瞥见墙角处的坛子，这才想起这事儿。待他急忙将封口打开，一股臭气迎面扑来，原来白白嫩嫩的豆腐此时已变成一块块长着绿毛青灰色的“怪物”。扔了太可惜，他便小心翼翼地从汤汁中夹出一块豆腐，大着胆子吃了一口，没想到这种不好闻的臭豆腐，吃起来口感却异常的香，绵软滑嫩，越嚼越香。

这事一传十，十传百，街坊们都来尝这个臭豆腐。尝后，大家赞不绝口。后来王致和干脆就不再参加礼部会试了，在北京前门外延寿寺街开了王致和南酱园，专卖臭豆腐、酱豆腐和各种腌制的酱菜。

味美价廉的臭豆腐很快就得到了京城百姓的认可，成为餐桌上不可缺少的佐餐小菜。喜欢吃臭豆腐的人还真不少，粉丝遍布各阶层。咸丰年间的状元孙家鼐曾担任过光绪皇帝的老师，他曾题对联两副：“致君美味传千里，和我天机养寸心。”“酱配龙蟠调芍药，园开鸡跖钟芙蓉。”两副对联冠首四字连起来，恰好组成“致和酱园”，构思巧妙，意境隽永。光绪年间，臭豆腐得到了慈禧太后的赏识，赐名“青方”。

“大阿哥”卖臭豆腐 吆喝技惊四座

说起臭豆腐的往事，少不了清朝一位“大阿哥”的身影。慈禧曾立她的亲侄外孙爱新觉罗·溥儁为皇储，这“大阿哥”溥儁是一个名副其实的浪荡公子。虽然后来被废了名号，但他依靠家中财产，依旧过着钟鸣鼎食的生活。直到1924年，冯玉祥发动“北京政变”后，溥儁坐吃山空，最后破产。

20世纪二三十年代，这位曾经差点当了皇帝的溥儁已穷得身无分文。为了糊口，他不得不挑起酱坛，靠售卖臭豆腐及各式酱菜勉强度日。在北城的地安门、鼓楼、万宁桥一带，人们常常会看见他走街串巷卖臭豆腐。天生有着一副好嗓子的溥儁高声吆喝道：“我这是前门外延寿寺街路西，门牌23号真正老王致和家的臭豆腐。”这几十个字一出口，抑扬顿挫，高亢入云，如同戏台上的名角出场，

“大阿哥”溥儁

赢得大家一片喝彩之声。

胡同里臭豆腐的叫卖声也成为老北京人挥之不去的记忆。一位老人曾给我讲起胡同里的小贩：

秋冬季节傍晚前后，来我们小胡同里卖臭豆腐酱豆腐的小贩，是个四五十岁瘦瘦的老汉，他挑着一条长扁担的挑子。一进到胡同口里就连说带唱地吆喝“臭豆腐酱豆腐，王致和的臭豆腐，前门外延寿寺街门牌23号王致和的臭豆腐，八宝糖蒜辣椒糊，卤虾小菜酱黄瓜”。淘气的小孩子还会小声学唱，起哄寻开心……

这种胡同小贩扁担两头各挑着一个有三层的像笼屉似的棕红色食品盒子，里面有几个盘子和大碗，分别盛放着臭豆腐、酱豆腐、味道甜咸的八宝菜、橘红色的辣椒糊、棕黑色的酱黄瓜。家里人会花上几分钱买上一两块臭豆腐，我们都是喜欢吃臭豆腐而不太喜欢吃酱豆腐的。卖臭豆腐的老汉打开食盒盖子，用一双特制的头部削得扁平的竹木筷子，慢慢地从盘子里夹起臭豆腐，放在顾客自带的小盘或小碗里。如果没带盘碗家什，老汉也会从成卷的木纸上撕下一小片木纸，把臭豆腐放在木纸的上面，轻轻地托着送到顾客的手中，嘴里还不停小声叮嘱，“拿好别掉喽”。

当年，北京的平常人家蒸一锅热窝头，配上几块臭豆腐，就是一顿饭。如今，王致和臭豆腐已经伴随北京人走过三百多年了，食品匮乏的时代早已过去，而万千美食之中，臭豆腐独特的味道却始终香飘不散，留在人们的舌尖上与记忆中。

19 世纪末的街头小贩

便宜坊

从南京到北京，这一只“烤鸭”比故宫岁数还大

外地朋友都知道，烤鸭是北京的特产，但估计好些人不知道，北京烤鸭还分挂炉和焖炉两大流派。大家熟悉的全聚德是挂炉烤鸭的代表，晚清方始出现，而号称烤鸭“祖宗”的焖炉一派，便宜坊还坚守着这份传统，它的岁数甚至超过了故宫。

来到位于前门鲜鱼口的便宜坊总店，只见门口立着一块“本店创始于 1416 年”的大招牌。即便在老字号林立的北京，一家店铺能绵延超过六百年，亦属十分罕见。

烤鸭上桌的时候您会发现，全聚德的鸭子讲究杏叶片、片条、皮肉分片，这是根据挂炉烤鸭皮脆的特性来的。便宜坊的鸭片却是所谓的象眼片，每一片都连皮带肉，吃的是焖炉烤鸭特有的皮酥肉嫩、鲜美多汁。还有一种片法叫大掀盖儿，是把鸭胸两侧最肥美的鸭皮片下来，先吃“松软暄腾像刚出锅馒头一样”的鸭脯，

便宜坊的焖炉烤鸭

这可是只有焖炉烤鸭才有的。仔细品尝，口感香而不腻，皮酥脆，肉细嫩……确实与挂炉烤鸭有着不同的风味。

一家烤鸭店背后的历史风云

记得小时候第一次到便宜坊吃饭就闹了笑话，我指着店名大声念“piányi 坊”，结果被群嘲了，须得字正腔圆地唤一声“biànyí 坊”，这才叫出了人家的来历。

便宜坊最早前面还有“金陵”二字，因为它是从南京北上的。据《食珍录》记载，烤鸭起源于中国南北朝时期的建康（今南京），当时被称为“炙鸭”。明太祖朱元璋定都南京后，曾“日食烤鸭一只”。宫廷御厨为了讨好这位皇帝，每天变着法地研制鸭子的新吃法，最终诞生了著名的南京烤鸭。而便宜坊的烤鸭工艺，正是在南京烤鸭工艺的基础上发展起来的。

在最初的一百来年里，便宜坊名不见经传，至今也没有留下创始人的名字。便宜坊第一次命运的改变，出现在明嘉靖三十年（1551）。说到这次改变，有两个人不能不提：一个是大贪官严嵩，一个是大清官杨继盛。时任兵部员外郎的杨继盛，在朝堂之上严词弹劾奸相严嵩，反被严嵩诬陷。下得朝来颇为郁闷，他遛弯来到了菜市口东南侧的米市胡同，走进一家小店，打算大吃一顿，忘却庙堂上的烦恼，便点了烤鸭等菜。菜品上来，杨继盛一尝，口味甚佳，遂询问小店字号，方知是便宜坊。“此店真乃方便宜人，物超所值。”一句夸奖后，他提笔写下了“便宜坊”三个字。便宜坊的名声，从此传扬开去。

据说杨继盛被严嵩整死后，严嵩还曾经差人抢这“便宜坊”的匾。老板以身护匾，几乎被打死，最终还是将大清官的题字保留下来，留传至今。到了清咸丰五年（1855），便宜坊在鲜鱼口开了店。俗话说：“先有鲜鱼口，后有大栅栏。”咸丰时期，鲜鱼口已经是店铺、戏楼、会馆聚集的高档消费文化区。南来北往的人们，把这一美食口口相传带到了大江南北，便宜坊的名声也越来越大。

鸭脯像刚蒸得的馒头一样暄腾

焖炉烤鸭是怎么一个“焖”法呢？它和我们常吃的挂炉烤鸭有什么不同？据店家介绍，这几百年流传下来，讲究太多了。

便宜坊专用特种纯白条京鸭。据传，这种鸭的饲养始于千年前，其时辽金元历代帝王喜好游猎，偶获纯白野鸭种，后为猎杀而养，渐渐培育成这一名贵的肉食鸭种。为了烤出最佳效果，入炉鸭子的重量必须严格控制在五斤八两至六斤之间。这“刻板”的规矩，使得送来便宜坊门店的四五百只鸭子，往往只有两三百只“中选”做烤鸭。

鸭子入炉前，还有道工序很讲究：制鸭坯，就是开膛取出内脏等。其要求只有一个，简单却繁难：完工的鸭坯置于眼前，无论从哪个方向观摩，均不得找到刀口，否则即为败笔。其实小小的刀口藏于鸭子腋下，清空五脏六腑的活计，全凭师傅食指、中指与大拇指协同作业，得使巧劲儿。为固定鸭坯表皮并使之光滑，烤炙前还须以一百摄氏度的开水反复浇淋，再晒干待用。

据焖炉烤鸭国家级非遗传承人白永明师傅介绍，焖烤鸭子之前，先将秫秸等燃料放进炉内点燃，使炉膛升高到一定温度后，再将火灭掉，然后将鸭坯放在炉中铁罩上，全凭炉内炭火和烧热的炉壁焖烤而成。由于这种方法的特点是鸭子“不见明火”，在烤的过程中，炉内的温度先高后低，温度自然下降，火力温而不烈，空气湿度大，因而鸭子受热均匀，油脂水分消耗少，皮和肉不脱离。烤好的鸭子成品呈枣红色，表面没有杂质，外皮油亮酥脆，肉质洁白细嫩，口味鲜美。成败的参考标准，是要求“鸭脯像刚蒸得的馒头

饲养鸭子所用的填料

填鸭

一样，很暄腾”。

白师傅说，焖炉烤鸭除了工序、用料等环节要求严格，就连烤炉也十分讲究：“焖炉技艺有二十几道工艺，每一道工艺都有先辈的心血和大智慧，比如烤鸭炉子，砖、建材都得特别定制。炉内温度高的时候它能吸附，炉内温度低的时候它能释放。焖炉烤鸭是怎么烤的呢？得把炉子烧热，老炉子烧秫秸，有一股清香味儿，烧热了，把炉灰搂到炉子头儿，在里边烤鸭，炉壁的反射热和炭火的辐射热给鸭子烤熟。”

焖炉烤鸭制作是技术，也是艺术，许多关键环节只能倚赖手工和感觉，这也正是中国烹饪的魅力。就这样，一只“烤鸭”伴随京城百姓走过了六百多年的时光。

周总理留下的八个字成为经典

明朝杨继盛为便宜坊写下了牌匾，而真正道出便宜坊精髓并对其做出新时代解读的是一位伟人，他就是我们敬爱的周恩来总理。

1958 年 6 月 1 日，周总理来到便宜坊，写下“便利人民，宜室宜家”八个字，表达了自己对烤鸭的喜爱。半个多世纪已经过去，周总理在老店里品尝烤鸭的经典镜头，仍然被悬挂在各个分店中，成了便宜坊的一个骄傲。而便宜坊则把“便利人民，宜室宜家”这八个字当成了经营理念。

如今去便宜坊品尝烤鸭，一定得尝尝他们的创新菜品。北京人都知道，烤鸭的正确吃法是卷葱丝、黄瓜条，再蘸上甜面酱。传统的北京烤鸭在烤制前是不调味的，烤鸭的香味全靠调味品衬托出来，口味上、吃法上比较单一。便宜坊想出了新辙，在烤鸭前将莲香、枣香、茶香、菜香入味于鸭坯，既增加了烤鸭的营养成分，又在口味上、吃法上有了进一步的改进。

当初，便宜坊一共创新了四种新口味烤鸭，即莲香酥、枣香酥、花香酥和蔬香酥，对应四种烤鸭的不同风味：莲子馨香，大枣甘香，茉莉茶香，蔬菜清香。莲香和枣香味道不突出，逐渐不卖了，现在最受欢迎的是花香酥和蔬香酥。

尤其是蔬香酥，因为更健康而受到既想解馋又怕“三高”的食客的欢迎。据说营养科的医生对此做过研究，蔬香酥烤鸭与传统焖炉烤鸭相比，脂肪含量低 12%，各种微量元素都有显著增高。

据“蔬香酥烤鸭及其制作方法”的专利发明人孙立新师傅介绍，

如今的便宜坊烤鸭店

蔬香酥烤鸭“更有营养，不腥不腻”的秘密在于比传统烤鸭工艺多出来的一道工序：秘制蔬菜汁浸泡，里面主要是洋葱、胡萝卜、药芹，还有一些西餐香料，比如九层塔、迷迭香等。再具体的配方就是商业机密，不能多说了。

一盘枣红油亮、香气扑鼻的鸭片放在面前，却还不算是百分百的蔬香酥烤鸭。让一切“功德圆满”的，是特制的鸭饼——一红一绿，红的里面掺了胡萝卜汁，绿的里面是西芹汁，以及与众不同的小料——萝卜苗、香椿苗、生菜叶、薄荷叶。这几种食材，本身都有独特的芳香之气，足以解腻，又不会像葱一样影响口气，但更深层次的原因，是芽苗菜营养丰富，与鸭肉同吃，很好地解决了传统烤鸭荤素搭配不尽合理、热量过高的缺点。

便宜坊老店走到今天，六百多年的沉浮兴衰已经融入京城百姓的社会生活史，成为美食文化的一部分。食不厌精，脍不厌细，那一口唇齿留香的鸭肉，给人们带来的欣喜和愉悦已经穿越古今。

全聚德

没有烦恼是一只烤鸭解决不了的

要说北京美食榜的魁首是烤鸭，估计绝大多数人都会赞成。任何人来到北京，烤鸭绝对是他们最不愿意错过的一道特色美食。

酥脆的鸭皮配着香嫩的鸭肉，甜面酱与葱丝恰到好处地调和，汇集成难忘的甘美丰腴的滋味。我想烤鸭已经融进了很多北京人的乡愁，即使从未远离这个城市，像我这样的也是十天半个月不吃就想，就馋。从孩提时代开始，烤鸭似乎就是和“全聚德”三个字联系在一起的。提起北京，绕不开烤鸭，而提起烤鸭，就绕不开全聚德。

如何正确品尝一只全聚德烤鸭

记得第一次到全聚德吃烤鸭还是七八岁的时候，在前门店，我对此次经历印象极为深刻，以至于几十年之后仍记得所有细节。等

全聚德

位于前门的全聚德餐厅

座先花了半小时，眼巴巴站在别人身后干看着人家吃；坐上桌之后，等鸭子又花了五十分钟，简直望眼欲穿。我又饿又困，问了爸爸无数次“什么时候能吃上烤鸭”。快到两点的时候，它终于隆重登场了，但并不是我想象中的一整只红亮的鸭子，而是一盘饼和一盘带皮鸭肉，顿时觉得很不过瘾，只好学着大人的样子卷了一个。大概因为等得太久兴味索然，咬一口并不觉得怎样，但满桌大人纷纷赞不绝口，小小的我心中便也觉得，这必是十分好吃的。

那还是20世纪七八十年代，物质很不丰富，餐桌上也比较简素，一只全聚德烤鸭能让人们省下小半月的工资排队来吃。外地朋友来北京，去全聚德吃烤鸭，跟去天安门、长城一样，是必去的“打卡”之地。

后来，我又吃过无数次全聚德，并最终成为一个资深的“烤鸭

控”，几乎每年都要干掉一支“烤鸭小分队”。只要觉得肚子里缺油水了，必呼朋唤友去全聚德解馋，似乎没有烦恼是一只烤鸭解决不了的。尤其是外地朋友来京，必隆重推荐并亲手示范正确的烤鸭吃法。虽然我小时候还觉得烤鸭被片成片吃不如抱着一整只啃过瘾，后来才知，那样吃不被腻死才怪！而卷鸭饼才是一只烤鸭最正确的打开方式。葱丝甜面酱和烤鸭是绝配，少了它们，烤鸭的美味几乎要减半。真不知道是谁第一个发明了这种吃法，真是天才！

吃鸭肉有三种佐料：一种为甜面酱加葱条，可配黄瓜条、萝卜条等。一种是蒜泥加酱油，也可配萝卜条等，其中，蒜泥可以解油腻，烤鸭蘸着蒜泥吃，在鲜香之中，更增添了一丝辣意，风味更为独特，不少顾客特别偏爱这种佐料儿。第三种是鸭皮蘸白糖，这种吃法适合女士和儿童。

全聚德标准化的片鸭肉流程（阎彤提供）

全聚德主食有两种：荷叶饼和空心芝麻烧饼。其中，将片好的鸭子蘸上甜面酱，卷荷叶饼吃是最传统的吃法；空心芝麻烧饼可以“中餐西吃”，在烧饼里放一层鸭肉，夹上两片随热菜吃的青菜，一起夹好，用手抓起来吃，有点中式鸭肉汉堡包的感觉。

不过，我最钟爱的还是最经典的荷叶饼配葱丝和甜面酱。它们和鸭肉果木的清香、皮子的酥脆搭配出来丰富而美妙的口感，简单粗暴，直击味蕾，真让人流连忘返，欲罢不能。最后还需一碗奶白色味道醇厚的鸭汤“溜缝儿”，不吃撑绝不罢休。

一只“有故事”的鸭子

和所有的北京老字号一样，全聚德作为北京美食文化的名片，自然少不了一段传奇而感人的创业故事。不过，能把故事做成一个展馆的可不多见。日前，笔者在和平门全聚德烤鸭店参观了这个展馆，也领略了这家原来只有三间门脸儿的小店得以传承百年的精神秘方。

信步全聚德展馆，逼真的京城老街景从入口处延展开来，一路向前，全聚德的老匾、老墙、老铺依次映入眼帘，这家老字号百余年的历史就从这里展开。

全聚德的创始人，本名叫杨寿山，字全仁。清同治三年（1864），他看到前门大街东侧的肉市胡同，有一家叫“德聚全”的干鲜果铺要歇业，于是将小店租了下来，开了一家鸡鸭店，取名叫全聚德。这名字改得颇有深意，“聚德”就是聚拢德行，标榜自己做买卖讲德行。

当时的肉市胡同巷子不宽，但饭馆、饭铺林立。杨全仁将自己的鸡鸭店升级为炉铺，聘请原在清宫御膳房包哈局（包哈，满语，“下酒菜肴”之意，为帝后做挂炉猪与挂炉鸭的御膳房，称包哈局）的孙师傅负责制作挂炉烤鸭，一炮打响。光绪二十七年（1901），原来的小铺翻建成二层小楼，全聚德开始有了堂食。几十年之后，全聚德坐上了北平烧鸭的第一把交椅，一个驰名世界的庞大的烤鸭王国正是从这里起步的。

展馆里重现了当年的全聚德老铺：铺子门口红纸上“挂炉烤鸭”四个毛笔字仿佛是刚写上的，招牌两侧悬着木牌，上书“内有雅座，包办酒席，应时小费，随意便酌”，看到这儿，就忍不住想推门而入。

但您可别急，铺子里唯一一张桌子已经有客人了。把酒言欢的三位正是老舍、巴金和梅兰芳。这是 1950 年老舍邀请巴金到全聚德用餐，并请梅兰芳作陪的场景再现，还原了全聚德“谈笑有鸿儒”的历史。

展厅内还有老算盘、老账本、购粮证、历年菜单等珍贵的老物件，更有不少承办外交宴会的珍贵照片，值得细细观看。那是全聚德最风光的时代。20 世纪五六十年代，周恩来总理曾先后二十七次在全聚德宴请外宾，也终于使这一只鸭子蜚声国际。据全聚德的工作人员回忆，每次宴请，周恩来总理都要向外宾们介绍全聚德烤鸭和制作烤鸭的厨师。当看见厨师用娴熟的刀法快速地削下一片片鸭肉，转瞬间整只鸭子只剩下一个骨架时，外宾们无不发出阵阵赞叹声。客人们往往会问起“全聚德”字号是什么意思，周总理便告诉他们，“全即全而无缺，聚为聚而不散，德指仁德至上”，这是迄今为止对“全聚德”三字最为经典的解释。

看了这个展览，再到楼下品一只全聚德的鸭子，您这顿饭肯定会吃得更加兴味盎然。

七代“掌杆”传承烤鸭绝活

全聚德烤鸭为什么能独步美食界百余年？其实就是一条：“好吃！”好吃的根源还是来自匠心传承的品质。全聚德展馆最后一部分为“食鸭文化”，几组陶像生动再现了一只鸭子从宰杀到上桌的二十二道工序，这大概就是决定鸭子好吃的诀窍。

全聚德挂炉烤鸭的技艺出自宫廷，从当年御厨孙师傅的单杆相

同治年间发明的挂炉烤鸭方式流传至今

传，到今天的发展壮大，经历了七代烤鸭师的坚守与传承。鸭子必须选用优质的北京填鸭，且须按照严格的质量标准进行喂养及加工。烤制时使用果木为燃料，以明火烤制而成。烤制工序更是环环相扣，十八道工序延续百年，可以说道道有学问、有讲究，才使得这一只鸭子香而不腻，回味无穷，成为经典。

吃过全聚德烤鸭的人不少，但是吃过“全鸭席”的可能就没那么多了。资料显示，“全鸭席”也曾在“烤鸭外交”中发挥过作用。奈温总理是访华次数最多的缅甸领导人，一生共十二次访华。1960年1月24—29日，奈温来华商讨边界问题，周总理在王府井帅府园全聚德烤鸭店宴请奈温。现已开放的档案中记录了当天的菜谱：卤翅膀、糟鸭片、鸭肝片、拌鸭掌、鸭四宝、炸胗肝、爆鸭心、烤鸭、鸭架白菜汤、蒸蛋糕、蜜汁梨、鲜果。

这就是“全鸭席”。所谓全鸭席，是在全鸭菜的基础上发展起来的。全鸭菜，完全是用鸭子做的菜，而“全鸭席”则是以鸭子为主要原料，加以山珍海味，经过精心制作而成的珍馐荟萃的高级宴席。到这一步，全聚德才有了纯粹属于它自己的菜系，才有了它自己的风貌。应该说，“全鸭席”才算得上是地道的北京菜。

在全聚德厨师的手中，鸭子全身都变成了宝贝，经过多年的积累，现在已经形成了以芥末鸭掌、火燎鸭心、烩鸭四宝、芙蓉梅花鸭舌、鸭包鱼翅等为代表的“全聚德全鸭席”。颇有意思的是，有一次王光英副委员长在全聚德用餐时说：“‘全鸭席’各种鸭原料都全了，唯独缺少一种菜。”大家都想不出是什么，他哈哈一笑：“是鸭蛋啊！”大家恍然大悟。经过细心研究，全聚德的菜单中又多了一道新菜——水晶鸭宝，填补了“全鸭席”的空白。

经历无数的辉煌时刻后，全聚德也遭遇了低谷与挫折，自 2012 年业绩达到顶峰之后，近年来的经营业绩一直徘徊不前。翻开大众点评，食客们对全聚德餐品和服务的吐槽不少，即便是钟爱烤鸭的很多资深粉丝也在慢慢流失。

不过，让大家欣喜的是，2020 年 7 月 24 日，全聚德在和平门店举行“净匾”仪式，并宣布三大经营调整举措：调整门店菜品菜价，整体下调 10% ~ 15% ；全面统一烤鸭价格和制作工艺；取消所有门店堂食服务费。在烤鸭店已经遍地开花的今天，全聚德是该放下身价亲民了。毕竟，在老食客的心里，“全聚德”三个字还是沉甸甸有分量的，因为它承载了太多的岁月和回忆。

传承至今的全聚德挂炉烤鸭（阎彤提供）

稻香村

过年的念想儿，和点心匣子的一场爱恨情仇

稻香村，是咱北京人再熟悉不过的地方了。各色糕点摆满柜台，可以半斤八两地单要，也可以挑几种喜欢的装盒，还有成袋的小点心做零嘴儿。尽管这么多年过去了，味道却从未改变，似乎还是过去的样子。

不知道有多少北京孩子和我一样，童年魂牵梦萦的美食中有一大半是被稻香村的点心占据的。虽然如今早已经不是当初那个馋嘴的孩子了，但是每次看见稻香村的招牌还是会忍不住进去买几样。常看到有年轻的顾客对着售货员说："对对对，右边第二个，师傅，您给我来半斤就行。"心中会有点小小的不屑，连点心的名字都叫不出来！我可是如数家珍，每一种点心，尤其是点心匣子，又勾起了多年前的爱恨情仇……

稻香村的点心匣子

那种渴望贯穿童年的每一个春节

现如今过年，很多人四处寻找年味儿而不得，慨叹年味儿越来越淡。年味儿是什么呢？对我这样的“70后”北京人来说，经历过那个物质和食物匮乏的年代，年味儿就是各种魂牵梦萦的食物的香味儿，比如点心匣子，对它的渴望曾经贯穿我童年的每一个春节。

打开点心匣子那种瞬间狂喜的心情，我现在依然记得。一层层码放整齐的点心散发出诱人的光泽和香甜的气味，那种冲击大脑的强烈的幸福感便是最鲜明的关于春节的记忆。

20世纪七八十年代，点心匣子是春节亲朋好友迎来送往的最佳礼品。每家都要备几个点心匣子送出去，也会收到一些，收到的也有可能再送出去。家里的孩子会眼巴巴地数着家里还剩几个匣子，每送出一个都暗自心疼。有时候送出去的还会重新回到手里，过节拜年的过程简直就是一趟点心匣子之旅。等到送礼送得差不多了，家长终于决定剩下的匣子可以自己吃了，孩子们通常会欢呼雀跃。

对点心匣子最殷切的盼望是在打开它之前。各种遐想和猜测会持续多日，因为每个匣子里的点心都不一样。匣子有高低档之分，好吃的程度相差很大。惦记了那么久，过年时点心匣子打开的那一

顾客春节排队买点心匣子

瞬间，我的心会狂跳不已，粗略扫描一遍就知道了此匣子的质量与重点。蛋糕和萨其马最好吃，一个匣子里没几块，是孩子争抢的主要目标。我家的规矩是早饭每人只能吃一块点心，不多的几个点心匣子能吃到正月十五。望着满是油渍的余香尚存的空匣子，我会怅然许久，心中盼着来年春节快点来到。

当然，我也经历过最糟糕的情况，就是点心匣子转了一大圈终于到了打开吃的时候，却发现已经长毛了。那种欲哭无泪、生无可恋的心情，至今仍然记得，简直就是恨得咬牙切齿，怎么就那么不禁放呢？点心匣子，寄托了我儿时多少的爱恨情仇！

一个完美的点心匣子什么样

其实，串门送点心一直是北京人的一种习惯。这里边也有规矩：除了看病人，一般只送长辈，自家平常日子给老家儿买糕点不必装匣，但过年过节还是需要的。这习惯好些人现在还保留着，所以稻香村的点心匣子至今畅销不衰，尤其是春节的时候，得排大长队才能买到。

装匣子的点心有固定搭配好的，也可以自己随便挑。我小时候心里总有一大遗憾，就是点心匣子里不是所有东西都爱吃，所以总是先挑着把喜欢的吃了，不喜欢的留在最后。当时就想，等自己长大有钱了，装一个匣子，一定要放满自己最爱的点心。

细数起来，最爱的有很多种。枣泥酥、蛋黄酥、香芋酥、牛舌饼、南瓜饼、鲜花玫瑰饼，这些都是百吃不厌的，然而最喜欢的还是萨其马。稻香村的萨其马是用鸡蛋清、奶、糖调面粉（据说一斤面粉得搁进去七两鸡蛋清），过油稍炸之后，细条中空外直，吃起来入口即化，几乎不用嚼，其中蛋味、奶味、蜂蜜味混在一起，成为一种特殊的口味，可以说把其他糕饼都给比下去了。

一个完美的点心匣子，除了点心，还有包装，这也是见证匠心的时刻。买成盒点心叫装个盒儿或打个匣子，售货员会按顾客的选择（或由他代选）在盒子里装好若干种类。装点心匣子也有讲究儿，就是甭管买多少样点心，各种点心都得在最上面的浮头露一样儿。所以，“打个匣子”不是件容易事儿。然后在盒盖上垫张红色或粉色的装饰纸，再用纸绳一横两竖地捆好，上面还会打出个提手。整个动作一气呵成，绑得漂亮、实用而且结实。串门要是提溜这么个玩意，即使只有二斤点心，也比您提溜几大纸包点心有面子。

“京八件”和“细八件”

很多人以为稻香村是北京本地老字号，其实不然，它是个外来品牌。北京最早的稻香村，位于前门外观音寺街，由江苏常州人朱友清等人于民国初年创办，为了与北京的饽饽铺相区别，取名为稻香村南货店，经营南式糕点。

朱友清等人还从江浙一带的老家请来身怀绝技的糕点师傅，按照北方的节令食俗制作各式南味糕点，既好吃又好看。与北方传统的饽饽相比，南方糕点相对多油多糖，不易干裂，存放时间长，所以这些南方糕点一在北京露面，就令人耳目一新，有钱人争相购买品尝。每到中秋，稻香村月饼大受欢迎。民国初年，鲁迅先生经常在稻香村购买食品。

稻香村在前门外一炮走红，生意红火，原股东都想有自己的独资买卖。到了 1916 年，原发起人朱友清从稻香村退股，单独在西单北另立门户，开设“桂香村”南味食品店；原股东张森隆也退股，在东安市场北门外开设“稻香春”。三家店在中轴线及其东西两侧各霸一方，都是京城有名的点心店。改革开放后，稻香村恢复老字号及前店后厂的经营方式，重新夺回了糕点市场的霸主地位。

近些年，稻香村找回了很多北京传统食品，让老人们欣慰，

京八件

也让我们这些没吃过的人尝了鲜，比如著名的“京八件”“状元饼”“巧果”，还有重阳花糕、五毒饼、立夏陈皮饼、大寒消寒糕等与二十四个节气对应的吃食。在我国传统饮食文化中，注重“四时”“阴阳”调和与“五味”搭配，讲究“不时不食”，什么节令吃什么都有规矩。这既有健康的考虑，也有美好的寓意，是一种对传统的回归。

如今再看稻香村的点心匣子，已和我的童年时代不可同日而语，我也终于搞清楚了“京八件”和“细八件”的区别。“京八件”是福字饼、禄字饼、寿字饼、喜字饼、枣花酥、太师饼、黑麻饼、萨其马。“细八件”是枣花酥、玉蝶酥、小卷酥、合欢饼、甘露果、芙蓉糕、粉衣、蛋黄酥。

我决定，把没吃过的都吃一遍，算是圆了多年来对点心匣子的一种执念。

信远斋

老北京最受欢迎的冷饮，这些名人都是它的粉丝

现如今，市面上的饮料有千百种，可酷暑时节燥热难当的时候，我心里最渴望的还是一碗透心凉的酸梅汤，大概这就是一个北京人抹不去的味觉记忆。

酸梅汤是真正的北京饮料。旧时伏天的街头，卖酸梅汤的摊贩拿着一对铜制的冰盏儿，铮铮有声地敲着，冰桶里镇着的，是前一晚熬得浓浓冰凉的酸梅汤。酸梅汤的桂花香味儿和冰盏儿的清脆声响回荡在老北京长长短短的胡同里，想想这情景似乎就有望梅止渴的功效，而老字号信远斋因为众多名人的加持，使这碗酸梅汤变得更加有声有色了。

到底是谁发明了酸梅汤

酸梅汤到底是谁发明的？关于这个事儿说法不一，其中流传最

信远斋的酸梅汤

广的一种是，它的发明者为明朝开国皇帝朱元璋。在老北京卖酸梅汤的店铺，供的祖师爷正是他，似乎为此提供了有力的证据。

美食家唐鲁孙先生在《说东道西　珍馐美味》一书中曾提到一段故事。当年，在北平做什么买卖都讲究要供祖师爷，信远斋是卖酸梅汤的，供的什么祖师爷？唐鲁孙对此颇为好奇。有一次他在信远斋后院如厕，看到柜房里的悬龛供着一面万岁牌，写着“朱天大帝”几个字。这是何方神圣呢？一个偶然的机会，他请教了“北京通”金受申。金受申说，“朱天大帝”指的就是朱元璋。酸梅汤在元末明初叫乌梅汤，朱元璋在未投靠郭子兴时，曾经贩卖过乌梅。江淮大旱，瘟疫流行，他曾经用乌梅泡水救过不少病患，后来卖酸梅汤的奉朱元璋为祖师，就是这个缘由。

但是也有不少人对此提出质疑，认为朱元璋不过是沿街乞讨的落魄和尚出身，倘若有贩卖乌梅的实力和医治瘟疫的神技，家人也不会全死于疫病。生活和和美美的他，又何必起兵造反呢？

除此之外，还有人说酸梅汤是乾隆皇帝发明的。据说满人历来有饭后食酸以解腥膻之习，入关前用玉米面发酵做成酸汤子，但乾隆皇帝认为它不易消化，且本身也是粮食，饭后食之，容易过饱，便让御膳房开发新品，研制出了酸梅汤。乾隆皇帝喜食不已，常饮不辍。

实际上，酸梅汤做法并不复杂，将乌梅、甘草、桂花和糖放在一起熬就成。这些材料在东汉的《神农本草经》里就有，起码已经存在了上千年。而在南宋《武林旧事》中，就已经有“卤梅水”这种类似酸梅汤的东西，似乎不需要再等数百年让朱元璋或者“十全老人”去发明。

酸梅汤真正风行，还是清代以后的事情，尤以北京城的为正宗。《清稗类钞》记载：“酸梅汤，夏日所饮，京、津有之。以冰为原料，屑梅干于中，其味酸。京师卖酸梅汤者，辄手二铜盏，颠倒簸弄之，声锵锵然，谓之敲冰盏，行道之人辄止而饮之。”描述的正是小贩敲着冰盏儿走街串巷叫卖酸梅汤的情景。

王希富先生曾和笔者提及，这酸梅汤正是从宫廷传入民间的美食：

它出自太医院的药方，京城闹时疫时，因为要治疗腹泻，所以使用

20世纪30年代手拿冰盏儿贩卖酸梅汤的小贩

乌梅，意在收敛，再配以冰糖、桂花、砂仁、豆蔻之类补气、提神的药物，防治时疫效果尤佳，此方称“乌梅饮”，后来就成了大酸梅汤。只是在民间街市上所售卖的配方比较简单，却成了名噪京城的冷饮酸梅汤。

梅汤常忆信远斋

老北京做酸梅汤的商铺不少，但民国年间，琉璃厂附近一家并不起眼的小店铺因备受文人墨客推崇而声名大噪，那就是信远斋。

信远斋位于琉璃厂东街西口，开业于清乾隆五年（1740），有两间门脸，前店后厂。创始人姓萧，原是清宫御膳房的厨工，他依据清宫秘方制作蜜饯、果汁，其中以桂花酸梅汤最有名。

旧京时众多名流在琉璃厂淘书后，必到信远斋饮上几碗解渴，如梅兰芳、马连良以及梁实秋、张恨水都是常客。张恨水曾赞信远斋的酸梅汤：“一盏寒浆驱暑热，梅汤常忆信远斋！”这也算是一种名人营销吧。

信远斋确实在营销上有一套，善于打“文化牌”。唐鲁孙也是信远斋的常客，他回忆：“柜上的伙计整天耳濡目染的都是金石、版本、宋瓷、汉玉一类，所以喝完酸梅汤歇歇脚，跟他们东拉西扯聊上一阵子，倒也增益见闻，并非俗不可耐。”

信远斋的酸梅汤每年从端午节上市到七月十五中元节停售，前后只卖七十天左右。他家制作的酸梅汤选料精、配料重、颜色深、挂碗浓，酸甜可口。炎热的夏天，还要冰镇。那时候，也没有冰箱，信远斋就做了一个“土冰箱”。钉一个大木箱，外面刷上油漆，里面钉一层白铁皮，中间放两个大瓷罐。把调兑好的酸梅汤倒入罐中，然后将天然冰砸碎后放在瓷罐周围，每天早上开始冰镇。这样冰镇的酸梅汤喝起来酸、甜、凉，沁人心脾。

梁实秋也是信远斋的粉丝，他在《雅舍谈吃》中专有一篇写信远斋，称“他的酸梅汤的成功秘诀，是冰糖多、梅汁稠、水少，所以味浓而酽，舍不得下咽。很少有人能站在那里喝一小碗而不再喝一碗的。抗战胜利还乡，我带孩子们到信远斋，我准许他们能喝多少碗都可以。他们连尽七碗方始罢休。我每次去喝，不是为解渴，是为解馋”。

味道浓是信远斋酸梅汤的一大特色，唐鲁孙先生说：“信远斋的酸梅汤唯一特点就是熬得特别浓，熬好了一装坛子，绝不往里掺冰水，什么时候喝，都是醇厚浓郁，讲究挂碗，而且冰得极透。您从大太阳底下一进屋一碗酸梅汤下肚，真是舌冰齿冷，凉入心脾，连喝几碗好像老喝不够似的。”

梁实秋的梦想终于实现了

为了便于“外卖”携带，信远斋还制作了酸梅卤，就是一种浓缩汁，方便客人买回家后与家人一起享用。

信远斋制作的蜜饯、果脯、糖粘也很考究。他家生产的桃脯、杏脯、梨脯、苹果脯、金丝蜜枣和秋梨膏都是全年供应。还有一些是按季节制作供应：从霜降到春分，出售炒红果、蜜饯榅桲、蜜饯海棠、蜜饯杏干；从冬至到春分，制售冰糖葫芦、冰糖梨糕、冰糖核桃；冬季还生产各种糖粘，如杏仁粘、松子粘等。《鲁迅日记》里

信远斋瓶装酸梅汤

也提到过信远斋。1932 年 11 月鲁迅第二次来北平探亲期间，于 27 日在和平门外师范大学演讲后，到信远斋买了五种蜜饯，留了一部分孝敬母亲，另一部分带回上海。可见，鲁迅也是信远斋的粉丝。

直到 20 世纪 80 年代，信远斋还一直在琉璃厂。肖复兴先生在文章中回忆，“文化大革命”中店名改了，酸梅汤还在卖，此外还卖一种梅花状的酸梅糕，颜色发黄，用水一冲，就是酸梅汤。“插队时，我特意买这玩意儿，带回北大荒，用水冲成酸梅汤，以解思念北京之渴。”

而我们“70 后”这一代北京孩子，小时候也常喝一种用“酸梅晶”冲成的酸梅汤，家里常备着，比买饮料经济实惠多了，那冰爽酸甜的口感贯穿了整个童年的记忆。

文学大师梁实秋先生迁居台湾后写回忆文章曾发出感叹：为什么不能将酸梅汤做成瓶装饮料，像可口可乐一样畅销世界各地?！如今，他的愿望已经变成了现实。

西来顺

这家“摩登”老字号的招牌菜为何用京剧名角儿命名

清真饭馆占有北京餐饮业的“半壁江山”，很多人都知道，最有名的是“一楼二烤三轩四顺”。前不久一位朋友请我到“四顺”之一的西来顺聚餐，终于领略到这家以炒菜著称的老字号的魅力，其中几样竟至念念不忘。

这头一样就是西来顺的招牌菜——马连良鸭子。在北京生活了几十年，我一直坚信没有比烤鸭更好吃的鸭子，然而马连良鸭子却动摇了我的这一信念。这个菜确实对得起“招牌”二字：颜色红亮诱人，皮酥肉嫩，咬一口，那焦脆的口感加上透骨的肉香，实在是味蕾的享受。可以蘸着椒盐吃，也可以夹在荷叶饼里吃，一整只鸭子，几分钟就被消灭殆尽，一桌人赞不绝口。这味道，这菜名，都引发了我对这家老字号的好奇与探究。

老字号西来顺

老字号里的“洋范儿”什么样

查找西来顺的历史资料，竟然发现了很有意思的事情。1935 年 4 月 25 日的《北京实报》写道：“西长安街的西来顺，在教门馆子中比较摩登……往往运用思想，发明一些新菜式，介于半中半西之间，也介于荤素之间，阔人请客，朋友小吃都行得。”

摩登是早年间英文“modern”的译音，意思就是时髦、时尚。一个老字号竟然被当时的人评价为摩登，这是什么情况？

西来顺位于西长安街，最开始和很多清真饭馆一样，主营烤涮。唐鲁孙先生看到的最初的西来顺是这样的：“开张正赶上腊月，门口左右两边，挂着红字白底‘烤’‘涮’两个磨盘般大字，周围缀满了小电灯，既豁亮又醒眼。一进门是长条院子，正房跟两边东西厢房，都隔成雅座，高大的铅铁罩篷底下，摆了一排烤肉支子，只要是饭口，您打从西来顺门口一过，一股子烤肉香味，由不得您就要往里迈腿进去解解馋……”

然而，后来西来顺以清真炒菜扬名京城，还走上了“洋范儿”之路，终于异军突起，靠的是一个人，他就是掌灶师傅——褚祥。早在进西来顺之前，褚祥就已经是京城清真餐饮业大师一级的人物。他家世居牛街，四代为厨。褚祥在厨艺方面颇有灵气和悟性，不到二十岁就在牛街厨行崭露头角，还被选入清宫御膳房。

所以，当年社会名流创办西来顺时，礼聘褚祥担任经理兼主厨。如何在众多餐饮老字号中站住脚？褚祥选择了创新。因为在宫里、府里都干过，见的东西也多，褚祥大胆引进番茄、芦笋、洋芋、生菜等“洋菜”，西餐调味的沙拉酱、番茄酱、咖喱粉、起司粉、辣酱油、鲜牛奶也用到了清真炒菜里边。一下子，褚祥在西来顺创新了七十多种菜品，菜单上的菜品一共达到一百四十五种。民国时期“西风东渐”，人们也是很喜欢赶时髦的，这样西来顺生意自然火起来了。

名厨和名伶的友谊成就美食佳话

北京很多老字号都和名流有些故事，在坊间传为美谈，但真假并不可考。然而像西来顺和马连良这样深的渊源，一代名厨和一代名伶的友情成就美食佳话，还留下名菜，这样的故事并不多见。

还是先从马连良鸭子说起吧。一日，马连良先生演出归来，到当年褚祥掌灶的“又一村”用餐。饭兴正浓时，只听得包间外有枪响，打听才知道，原是两个权贵为争一个雅间打起来了。马连良得知后也没含糊，撂下碗筷便挺身而出，把事情平息了，保住了“又一村”。褚祥对马先生的义举很是感动。马先生祖籍是山东，其夫人是淮扬人，因此褚祥用鲁菜的手法和淮扬的风味汤料亲自给马先生做了这道鸭子，并亲自冠名“马连良鸭子”，以表达感谢之意。

做马连良鸭子的手法很特别，加工洗净后，得经过腌渍、蒸、炸等几道工序。腌时讲究内膛、外皮搓抹，入味后蒸透，再温油炸至皮酥。精制的马连良鸭子上桌时赤黄油亮，皮酥肉软，香味透骨，吃下去那绝对是香酥软烂，味道尤为独特，名不虚传，可以说是鲁菜香酥鸭的提升版。因此，这道菜一出便在四九城叫响了。

马连良特别欣赏褚祥的厨艺绝活，两人交情甚笃。马先生当时家住崇文门，每天从这里叫菜吃饭。一次，杜月笙在上海家里做寿，

马连良鸭子

把北平的名伶一齐请去唱戏。马先生为了吃饭问题，竟将褚师傅也带到了上海。1937 年 3 月 7 日，由马连良先生等人集资建筑的新新大戏院的开幕宴，也是在西来顺饭庄举行的。

曾经，马连良的寓所是当时达官显要吃夜宵的最高级处所，其中最著名的点心，就是鸡肉馄饨跟攒馅儿烫面饺。所谓攒馅儿，主要的材料是鸡鸭血、胡萝卜丝、老番瓜、干虾米等，可是蒸出来的烫面饺愣是别有一番滋味。褚祥每天晚上都到马连良家料理夜宵。西来顺的鸡肉馄饨也算一绝，不过知道的主儿不太多。鸡肉一定要选活肉做出来的馅子才能滑润适口，皮儿一定要用擀面杖擀出来的，厚薄适度，这样包出来的馄饨，才能称为上选。

找回失去的老味道

可惜的是，这样一家驰名京华的清真饭馆在新中国成立前因经济不景气，最终歇业，直到 20 世纪 80 年代，北京恢复传统老字号，才在和平门附近重张开业。

如今的西来顺，在街面上并不太显眼，传统的中式门楼，餐厅里的装修和陈设有些怀旧的气氛，来吃饭的也是老年人居多，现在的西来顺已经完全和"摩登"无关了。然而，直到菜品上桌，分量很足的一大盘，那味道真的是让人惊艳。有老人评价：还是老味道！

除了马连良鸭子，我最喜欢的是炮煳。这道菜有些像葱炮羊肉，但又似乎是炒煳了，原本雪白的葱变得有些发黄，羊肉柔中有韧、焦香不腻，竟是一种很特别的口感，尤其是里面的葱，那种香味竟比肉还要诱人，简直吃到停不下口，再配上一个芝麻火烧，美味至极。经朋友解释，我这才明白，原来这炮煳的名字来源于被反复炮的羊肉“噼啪”作响。炮肉用小火一直煨着，把汁水吐出来又吸进去，吸进去又吐出来，反反复复几番，就熬成了色泽油亮、肉质酥嫩、略带焦香的新品种。它的妙处正在煳与不煳之间，火候把握极有讲究。

西来顺还有一道大菜——烤乳羊，我没有吃过，但是听店家介绍后很是向往，希望有机会可以品尝。一般地方的烤全羊，有十五斤至二十斤，没有十来个人是吃不完的。西来顺的烤乳羊选取不超过四个月大的八九斤重的内蒙古羊。乳羊的口感鲜嫩，师傅选择用炭烤。乳羊在烤之前，要先用花椒、草果等二十多种原料腌制一天

炮煳

以上，使肉入味。烤时把乳羊埋在炭里，这样肉才不会干。烤制的时间需要半个小时左右。平时吃烤全羊很难吃到羊头，而烤乳羊最大的特色就是有很好吃的羊头，尤其是羊脑，吃起来如同饮琼浆，没有膻味，有种特别的香味。

西来顺的小吃牛肉酥饼也几乎是入店必点的项目，其薄如纸的面皮烤得焦黄酥脆，肉馅鲜香，入口油而不腻，口味独特，远远就能闻到香味儿。

西来顺值得一尝的名菜还有很多，虽然昔日名厨名伶已经风流云散，但是老味道还在，这实在是京城食客的幸运。

第二辑

中轴线中段

烤肉季　杨信绘

北京饭店

中国顶级饭局的奥秘，“开国第一宴”到底吃了什么

老北京有个习惯，见人必要招呼一句：“吃了么您哪？”虽然没有实际含义，但是这句礼貌话却生动地反映了一个问题——饭局文化，不仅在老百姓的日常生活中如此，就是在影响国家大事的国宴上也是如此。作为中国顶级的饭局，国宴里的门道和讲究更是多得很！

要说中国最有名的顶级饭局，那就非“开国第一宴”莫属。很可惜，关于这场宴会留下的资料并不多。不过，幸运的是，笔者采访了北京饭店行政主厨侯四清先生。从他的前辈们口中，侯主厨知道了不少关于“开国第一宴”的往事。

“开国第一宴”为什么选择北京饭店

1949年10月1日，对于中国人民来说，是一个普天同庆的日子。

20 世纪 50 年代的北京饭店

这一天，党和国家领导人以及国内外有识之士受邀参加了开国大典。为了欢迎远道而来的朋友们，大典结束后，人民政府特意为大家准备了新中国成立后的第一次最高规格国宴，这就是传说中的“开国第一宴”。

这场宴会为什么选择在北京饭店举办呢？侯四清主厨道出了其中的缘由，这就要从北京饭店的历史说起了。

清光绪二十六年（1900），两个法国人傍扎（Banza）和佩拉蒂（Peiladi）在东交民巷的外国兵营附近开了一家三间房的小酒馆，取名“北京饭店”，生意不错。清光绪二十九年（1903），饭店迁至东长安街王府井南口（也就是现在的位置），并建起了一座五层的红砖楼。清光绪三十三年（1907），中法实业银行接管北京饭店，并改为有限公司。1917 年，北京饭店再度扩充，向西发展，北京饭店旧楼边又建起一座七层的法式洋楼（今北京饭店 B 座）。

扩建后的北京饭店被誉为“远东唯一豪华酒店”，呈现法式豪华、浪漫的古典风格，成为来京中外贵宾的下榻首选。根据资料显示，“北京饭店豪华套房带一日四餐，一顿早点、一顿午餐、一顿下午茶、一顿晚餐。住一天三十四块，相当于一个小学教员一个月工资”。从前北京有一句挤对人的话：“你嫌这不好啊？住北京饭店去啊。”言外之意，北京饭店是个很了不起的地方，不是一般人能住得了的。

北京饭店当时与东交民巷的六国饭店和虎坊桥的东方饭店被称为“北京三大饭店”，并以位置最佳、景观最佳、服务最佳排名三家饭店之首。1949 年北平解放，北京饭店成为新中国国务活动和外事接待的重要场所，具有相当高的政治地位。

所以，“开国第一宴”选择北京饭店的原因很简单，因为当时只有北京饭店能招待这么多客人。侯四清主厨告诉我们，当时北京饭店有个西餐厅，西餐厅外是个舞厅，可以容纳六百多位客人。而且，新中国成立之前很多重要的会议，包括政协的会议都是在北京饭店召开的。北平解放以后，军管会接管了北京饭店，从安全上考虑也比较放心。有关部门经过考察，才决定在北京饭店举办这场隆重的宴会。

国宴主厨的绝活竟然是“大锅饭”

1949 年 10 月 1 日晚，北京饭店内灯火通明，人声鼎沸，新中国成立后第一次盛大的国宴在此举行。毛泽东、朱德、刘少奇、周恩来等党和国家领导人，以及茅盾、梁思成等社会各界代表共六百多人参加了这场盛大的宴会。宾客来自五湖四海，口味南北各异，宴会准备了什么菜肴呢？

侯四清主厨介绍，为了兼顾大家的口味，周总理特意选定了兼容南北菜系之长的淮扬菜作为国宴菜。然而当时北京饭店只有西餐，于是便从位于锡拉胡同的淮扬饭庄——玉华台邀请了九位淮扬菜大师前来掌勺。从新中国首任北京饭店经理王韧手写并盖章的“北京饭店职工 1949 年 10 月上半月薪饷领收证明册”上，可以确认制作“开国第一宴”淮扬菜的九位厨师是朱殿荣、王杜堃、李福连、杨启荣、孙九富、王斌、李世忠、杨启富、景德旺。

“淮扬菜讲究甜咸适中，原汁原味，酥烂脱骨不失其形，滑嫩爽脆不失其味，能够适合绝大多数人的口味。”侯四清主厨介绍说。然而“开国第一宴”到底吃了哪些菜呢？遗憾的是，当年并没有留下原始的文字记录。不过，根据几位参与过“开国第一宴”的厨师和现场服务员的回忆，我们可以大致拼凑出一份“开国第一宴”的菜单：

冷菜四种：五香鱼、油淋鸡、炝黄瓜、水晶肴肉

热菜八种：红烧鱼翅、烧四宝、干㸆大虾、清炖土鸡、鲜蘑菜心、红扒秋鸭、红烧鲤鱼、扬州狮子头

点心四种：菜肉烧麦、春卷、豆沙包、千层油糕

在这份不完整的菜单中，点心、冷菜都可以先做好，但热菜却必须现做现上。当时参加宴会的有六百多人，这也就意味着一道热菜就要做六十多份，而且还要在同一时间端上桌，并且味道、外形等不能有大的差距。北京饭店过去只做西餐，尤以法式大餐最为有名，饭店的中餐厨房建立不久，条件较差，加上厨师人手不够，六十多桌菜，要烧得色香味俱佳着实很难，这简直就是一项不可能完成的任务。当时的主厨朱殿荣又是如何解决的呢？

侯四清主厨介绍说：“当时在后厨临时盘了两个大灶，用大锅做菜，解决了一锅出的问题，朱殿荣师傅专门擅长做这种大锅的菜，下料准，口味极佳，如果没在后厨看见，绝不会想到是一个大锅炒出来的。”据说那一天，朱师傅站在灶台前，不顾熊熊煤火的烘烤烟熏，手舞一把特制的木柄大铁勺，在大铁锅内上下左右翻飞。那天经他亲手烹饪的主菜，不论是烧四宝，还是狮子头，都是用这口锅一次性烧好出锅的，口味、火候掌握得极为准确，与单独小炒无异。

北京饭店国宴大师郑秀生（方非提供）

原本是讽刺饭馆水平不高的“大锅菜”，到了这“开国第一宴”上，却成了解决难题的灵丹妙药。七十多年前，成立伊始的人民政府就是用这些虽不豪华但却制作精良的特色佳肴，招待了自己的第一批客人。

吃的是政治，而不是排场

此后十年间，每年一次的国庆招待会大多在北京饭店举行。

除了国庆招待会，北京饭店还承办各种国内会议招待宴会，以及国家领导人招待外宾的国宴，如 1957 年毛泽东主席宴请越南劳动党主席胡志明。胡志明在革命时期曾多次来到中国南方地区，对粤菜情有独钟。北京饭店的粤菜名厨、来自广东顺德的康辉根据客人的饮食习惯用心烹饪，其中的一道炸脆皮鸡成为胡志明最为喜爱的菜肴之一。

1972年尼克松总统访华时，周总理也是在北京饭店设宴招待总

尼克松夫人参观北京饭店后厨

统夫妇。尼克松总统的夫人还到北京饭店的后厨参观，她与随员们不但围观了厨师的手艺，还兴致勃勃地拿起筷子品尝，满脸的好奇与惊喜。尼克松对宴会上的一道白袍虾仁赞不绝口，从此这道菜成了国宴的保留菜品之一。

回过头看看这段历史，无怪乎有人说，北京饭店与其说是“背后是紫禁城，面对长安街，左手王府井，右手天安门”，不如说是“背后是辉煌的历史，面前是尊贵的今天；左手经济，右手政治”。正因如此，北京有那么多饭店，而北京饭店却只此一家。直至今日，它矗立在长安街边，经历百年沧桑，依旧典雅气派，迎接着四海宾朋。

关于国宴，周恩来总理后来定下“四菜一汤”的标准，也为国宴定下了简约的基调。此后，这个标准一直沿用至今，甚至精简为“三菜一汤”或“两菜一汤”。经过多次礼宾改革，不断“瘦身”的国宴删繁就简，吃的是政治，而不是排场，吃的是文化，而不是珍馐，这便是中国顶级饭局的奥秘。

又一顺

国家元老级名厨揭秘勤行规矩，烤鸭要从养鸭子做起

日前，笔者有幸来到年过八旬的“国家首批注册元老级烹饪大师”艾广富老先生家做客。艾老从十七岁到又一顺饭庄学徒，伴随着这家京城老店走过了几十年。聊起教导过他的师傅，聊起又一顺的清真名菜，艾老不胜感慨：“勤行的老规矩并不是瞎讲究，而是数百年间多少代名厨总结出的心血结晶，是‘食不厌精，脍不厌细’的工匠精神，唯有如此，美食才能得以传承！”

为什么要做“孝顺的厨师”

最初在西单路口南的又一顺饭庄，实际上是东来顺开的一家分号，老板就是东来顺的创始人丁德山。这位商业奇才那时候就知道

“差异化经营，多品牌战略”的道理，所以又一顺主打清真菜，和东来顺的涮羊肉互补。

北京市烹饪界首获“全国劳动模范”称号的杨永和

又一顺开张后，把原在西来顺掌灶的回族师傅杨永和请了过来。1956 年，杨永和荣获“全国劳动模范”称号，他是北京市烹饪界，也是中轴线上第一位获此殊荣的厨师。而艾广富正是杨永和的徒弟。艾广富永远忘不了杨永和第一次见面和他说的话：“学厨师好啊，学厨师就要做孝顺的厨师！”只有十几岁的艾广富听得一头雾水，只是顺口搭腔地应和道：“好！行！”

后来与杨师傅相处久了，也熟悉了，艾广富才敢私下里问他这句话是什么意思。杨师傅解释：“父母给予我们生命，我们作为子女，在家孝顺父母是天经地义，而我们出外工作讨生计，顾客即为我们的衣食父母，所以我们要用在家孝敬父母的态度对待顾客，这就是做孝顺厨师。”

师父这话艾广富记了一辈子，至今他的名片还印着“孝顺的厨师”这几个大字。绝不偷工欺客，不能缺斤短两，不可有半点懈怠，这就是老一辈勤行的传统。

“全羊席”曾受到周总理称赞

说起清真菜大师杨永和，必须得说说他的“全羊席”及又一顺的招牌菜——它似蜜。

“全羊席”是将一只羊的各个不同部位分别烹制成菜肴，多者可达一百零八道菜。杨永和师傅烹制的“全羊席”，曾受到周总理和外国贵宾的称赞。

杨永和曾在清真同义西餐馆工作过。他在清真菜系中，大胆引进一些西菜做法，丰富了清真菜的品种。如炸卧虎饼，原为德式点心，传入北京后称“西洋饼”。此饼分烤、炸两种制法，烤制演变为茯苓夹饼，成为京城特产小吃；炸制仍称卧虎饼，现已成为又一顺的特色名菜。

还有就是又一顺的招牌菜——它似蜜，为客人进店必点。这道菜原名塔斯蜜，乾隆皇帝很喜爱，称它为它似蜜。它似蜜是用羊里脊肉切成薄片，用白糖、甜面酱、米醋、淀粉等佐料挂浆，然后烹调而成。成品色泽棕红、肉质软嫩、甜香微酸、甘美不腻，老人小孩都喜欢。

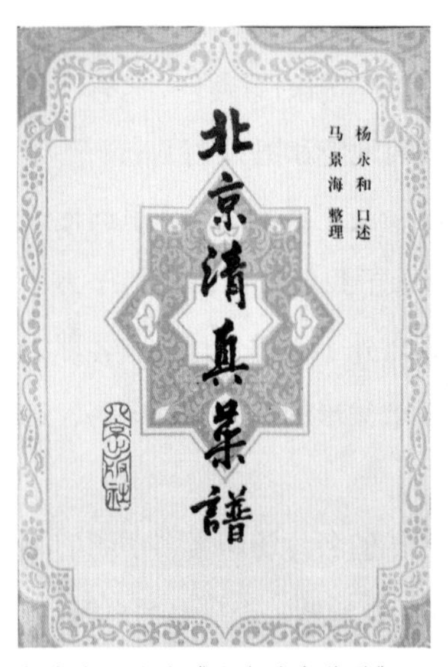

杨永和口述的《北京清真菜谱》

杨师傅还擅长清真风味的一道甜品，名为炸羊尾。这里的“尾”字，应该读作“椅儿”音，然而它并不是真的羊尾巴，而是选用上等的红小豆熬煮，经过去皮、洗沙等数道工序制成豆沙馅，再挂匀蛋清糊后油炸而成。此菜始创于清朝末年，原本是用羊尾作馅炸成的，因其油腻且有难闻的膻味，不大受人欢迎，后来厨师将羊尾馅换成了豆沙馅，而其形状和颜色都保持原来的样子，则深受欢迎。

烤鸭从养鸭子做起

说起又一顺，不得不提的还有清真烤鸭。“鸭胡”胡宝珍，是艾广富的另一位师父。

胡宝珍原在便宜坊学艺，后创出清真烤鸭的绝活，被称为“清真烤鸭第一人”。胡宝珍年事渐高，手艺有失传的风险，但“鸭胡”这人的脾气不是一般的各色，官称“胡大爷”。

艾广富跟着“鸭胡”工作后，才知道他有多难相处。“他不说话，叼个烟斗，平时不干活，就坐那儿拿个破茶壶喝水，喝完了我想帮他续水，他按着茶壶不让，也不言声。我想早上帮他搞搞卫生，没戏，他比你起得还早，早把地扫干净了。”连着十多天，他就那么闷着，让艾广富在旁边干站着。

终于有一天，“鸭胡”说话了。他拿了一桶开水，兑上碱面，让艾广富披着蘸了凉水的麻袋片去刷鸭炉。那炉刚烤了一上午鸭子，还烫着呢，艾广富也不敢犹豫，一下就钻了进去。“当时炉壁至少三百多度，水一碰上就成了水汽，裹着烟灰，喷得我浑身上下全成了黑的。如果没套麻袋片，真得给熏死。”

没想到，这是“鸭胡”对徒弟的考验。这一次后，“鸭胡”好像完全变了个人，对艾广富比儿子还亲，不仅什么都教，而且不允许别人说他半个字的不是。

学烤鸭手艺可不简单，要从养鸭子、扫鸭圈这些活儿干起。那时候卖烤鸭的饭馆都是自己买来鸭子养大，又一顺当年最多的时候养了八十多只鸭子。艾广富每天不但负责打扫鸭圈，还要用白面配高粱做鸭食烫熟，然后一只一只往鸭肚子里填，这样才能养得特别肥，烤出来香。“烤鸭一共十一道工序，扫鸭圈、烫鸭食、填鸭、宰鸭子、烫鸭毛、煺鸭毛、择鸭毛、开膛、晾坯、烤、片，足足跟着胡师傅学了两年多，我才算是把一整套手艺学到手！”艾广富从此成了清真烤鸭的传人。

艾老告诉我，清真烤鸭的技艺讲究很多：“鸭子入炉前要往腹腔灌开水，清真烤鸭灌的水中还要加花椒，这样入炉后，水很快开锅，外烤内煮，才能外焦里嫩。此外，灌水还能去除鸭子腹腔中的异味。”

即使是配料也不能马虎，甚至精细到不同季节用不同的葱。艾老一一道来：春节到 4 月用羊角葱，即头年没长成的大葱，埋在土里，用秫秸秆挡住西北风，一开春它就长了出来，经过一冬的冬眠，味道特别好，呈黄色，叶是绿的。4—5 月用小葱，小葱辣，讲究的切成“水仙葱”，即竖剖三刀，放水里去一下青草味，它会自动打卷，像水仙那么漂亮。6—9 月用沟葱，剩下的时间用大葱，即山东的“高脚白”。不同时节吃不同的滋味，顺应自然规律，是养生之道。

艾广富郑重地说，老字号遵循老规矩，纵然费时费力，但勤行追求的正是这一个“勤”字。这是美食的匠心和传承，也是对烹饪的尊重。

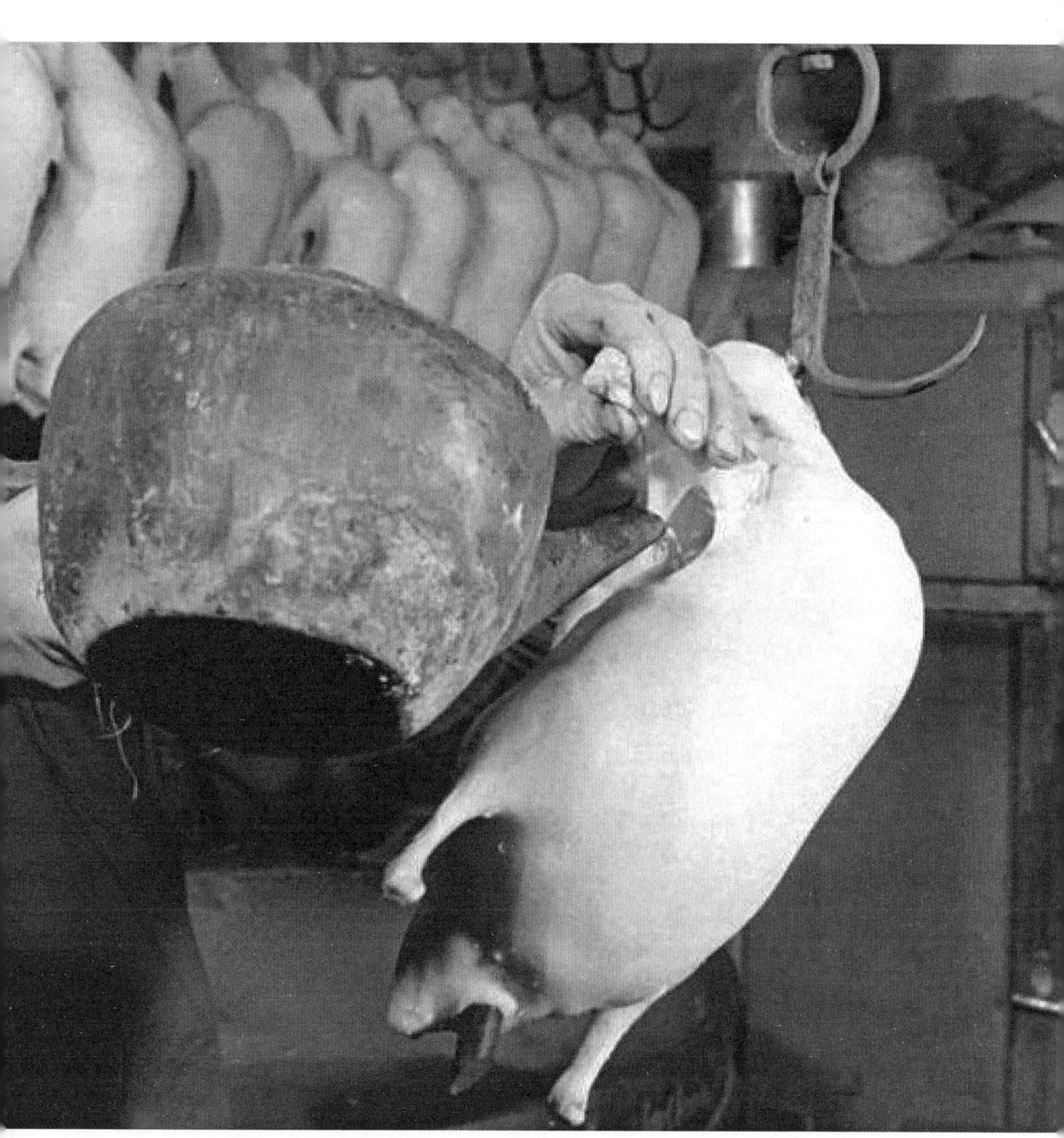

烤制前往鸭腹腔中灌水是烤鸭好吃的秘诀

天福号

北京人“咬春”少不了它，“贴秋膘”的主角也是它

北京人讲究“不时不食”，即吃东西要符合自然节气，这也是养生之一种，尤其是立春、立秋这样的重要节气，吃得更不能马虎。北京有一种美食，立春“咬春”少不了它，立秋“贴秋膘”的主角也是它，它就是食肉一族的最爱——天福号的酱肘子。

春饼里没有它就没了灵魂

说起天福号的酱肘子，绝对是老北京酱肉数得着的一号。它皮嫩肉酥，味道醇厚，肥而不腻，想当年连慈禧都好这一口儿，愣是给天福号发了块腰牌。甭管过去，还是现如今，这都是北京人热爱的美食。

酱肘子有很多种吃法。每次我路过天福号的店，总会忍不住买一块皮色黝黑发亮的酱肘子带回家。不算直接上嘴啃，最简单的吃

超市中的天福号酱肉柜台（饶强提供）

法就是切成大片儿蘸料吃。

酱肘子切片说起来简单，实操时却常出问题。天福号的酱肘子皮嫩肉酥，切不好的话，就得碎一案板。有两个秘诀您记好喽：这第一是买回来的肘子先放冰箱冷藏室里头放个半拉钟头，再拿出来切；第二就是一定得用薄片儿快刀切，一股子力气一刀切下去才完整，千万别拿着刀在肉上可劲儿“嘎悠”。这些切成大片的酱肘子，白嘴儿吃就已经很香，再讲究点的，可以配上甜面酱或者传统的蒜汁蘸料。

酱肘子还可以配主食，通常我买肘子的同时会买几个芝麻烧饼，刚烤好出炉的，冒着热气切开，夹上凉肘子，这叫一个美！当然，还有更经典的，那就是卷春饼。这可不能随便吃，这道立春的节令

酱肘子配春饼的“咬春”

美食，出场必须要有仪式感。

在老北京，立春要吃春饼。所谓春饼，又叫荷叶饼，其实是一种烫面薄饼——两小块水面，中间抹油，擀成薄饼，烙熟后可揭成两张。春饼是用来卷菜吃的，菜包括熟菜和炒菜。昔日，吃春饼时讲究到盒子铺去叫苏盘（又称盒子菜）送到家。盒子里分格码放熏大肚、松仁小肚、炉肉、清酱肉、熏肘子、酱肘子、酱口条、熏鸡、酱鸭等，吃时须改刀切成细丝，另配几种家常炒菜，通常为肉丝炒韭芽、肉丝炒菠菜、醋烹绿豆芽、素炒粉丝、摊鸡蛋等。若有刚上市的“野鸡脖韭菜”炒瘦肉丝，再配以摊鸡蛋，更是鲜香爽口。把这些菜一起卷进春饼里吃，便是一顿生机勃勃的“咬春宴”。

当年京城有名的盒子铺不少，天福号位列其中。所以，北京人的“咬春宴”里，少不了天福号的贡献。我一直坚信，没有酱肉的春饼，是没有灵魂的。

慈禧爱吃的酱肘子冠绝京华

追溯天福号的历史，是二百多年前西单路口的一家酱肉铺。老北京的屠宰业及肉铺，多是由山东掖县人来操作经营。天福号的创建者刘凤翔就是掖县人。他来到北京后，在西单牌楼的东北角开了个酱肉铺。他在酱制的工艺上十分用心，采用茴香、花椒、砂仁、豆蔻、桂皮和白芷等香料，再加上陈年老汤和上等黄酱煮成。刘凤翔酱出的肘子肥肉不腻，瘦肉不柴，外皮色泽紫红发光，肉烂到入口即化，味道极美，但由于他的店面小，无名无号，所以虽然尝试过的顾客大多“回头”，但生意总是做不大。

据说刘凤翔有一天到集市去进货，路过一个旧货摊时，见那里横着一块旧匾，上面用颜体楷书写着三个苍劲有力的大字“天福号”。刘凤翔觉得“天福”二字有上天赐福的意思，非常吉利，正好可以拿来用作自己店铺的店名招揽客人，于是他买回了这块旧匾，稍加修整装饰，就悬挂在小店的门楣上了。

京城本来就是个特别讲究文化的地方，来往西单的人们一见匾额上的字写得好，便前来驻足观看。特别是一些文人雅士，在品评书法的时候也选购熟肉，一尝之下觉得味道奇佳，便广为传扬。天福号就此生意兴隆。到了清光绪年间，天福号酱肉，无论工艺还是口感都已经冠绝京华。

真正让天福号成为天下驰名字号的，是一位“贵人”——慈禧。据说，有一位住在旧刑部街的朝廷官员经常买天福号的酱肘子，这个官员很有可能是内务府的。有一次，他让天福号精心加工制作了几个酱肘子献给慈禧。慈禧吃了，觉得肉烂不腻不塞牙，非常满意，便让天福号按时往宫内送酱肘子，并赐给他们一块腰牌以便通行，所以天福号一下子声名大噪。

天福号酱肘子还有一位铁杆粉丝，那就是末代皇帝溥仪。1911年辛亥革命以后，溥仪向往西方生活，穿洋装，吃洋饭，对清宫传

冠绝京华的天福号酱肘子

统的食品不屑一顾。可是天福号却是个特例。尽管溥仪每天吃的西餐不重样，但是天福号酱肘子却是西餐桌上的必备之菜。1959 年溥仪被特赦后，第二天就骑着自行车到西单天福号买酱肘子去了。

消失的北京特色美味又回来了

中华人民共和国成立之前，天福号除了卖酱肘子、酱肉外，还卖清酱肉、炉肉、大丸子，很受食客欢迎。特别是在冬季，熬白菜配上几片炉肉或切成两瓣或四瓣的大丸子，鲜香无比，好吃不贵。这几种北京特色熟食，可能年轻人都不太知道，因为从 20 世纪 50 年代之后就陆续消失了，它们的名字只出现在美食家的文字中，引人无限遐想。

比如，北京特产清酱肉，类似南菜中的火腿。清酱肉实际上是用酱汁腌肉。酱汁是做酱时酱缸上面溢出的一种浓汁，色重，味极香而醇厚。清酱肉是满洲人带入北京的，据说是由内务府的包衣传给开盒子铺的山东人，在清末的北京开始流行。相较于火腿，老北京人对清酱肉情有独钟。梁实秋先生在《雅舍谈吃》中就写过："有些北方人见了火腿就发怵，总觉得没有清酱肉爽口。道地的北方餐馆作菜配料，绝无使用火腿，永远是清酱肉。"

清酱肉的做法是选肥瘦合度的薄皮后臀尖，先用少量盐腌，然后将盐洗干净，再用清酱腌渍。最初制清酱肉的方法是，用盐腌制数日，待肉腌制成后，放入清酱内至少腌制一年然后风干。这种制作方式由于效率低下，制作周期要两年多。唐鲁孙先生在回忆"北平的独特食品”时写道:“据说清酱肉要一年半才算腌好出缸，绝无油头气味，火腿要蒸熟才能吃，清酱肉只要一出缸就可以切片上桌，真是柔曼殷红，晶莹凝玉。”如今，天福号的清酱肉又回来了。

回来的还有炉肉。请注意，这里没错，是“炉”而不是“驴”——笔者曾有篇文章发表时愣是被改成了“驴肉”！所谓老北京的炉肉，就是选肥瘦和肉层适合的整块猪五花肉，放在烤炉中烘烤。炉子用砖砌成，形似一个小屋，炉内上部横穿一根铁杠，将整块猪肉处理好后用铁钩挂在杠上，点燃下面的炉子用火烘烤，直烤得猪肉肉皮起泡，油脂淌尽为最好。烤熟的炉肉，肉皮表面微黄焦脆，肉的部分肥而不腻、瘦而耐嚼，柔软而鲜嫩。切时，将烤好的肉放于案上，肉皮朝下肉朝上，一下刀清脆有声，切成薄片后即可食用。切成的薄片亦可熬白菜等，美味鲜香。过去老北京人要是用还微温的炉肉下酒，那真是别有风味儿，真能喝他个一醉方休。炉肉切后的残渣，即是做炉肉丸子的原料。一位老北京回忆，他父亲早年间经常去老字号天福号买炉肉丸子:“那色泽微黄、外焦里嫩、呈扁圆形状且表面疙疙瘩瘩、香气扑鼻的炉肉丸子售价非常便宜。买回来后，一般是切成小块用来熬白菜，熬熟的白菜汤鲜香味美，别有风味，让你不喝个‘肚儿圆’不肯罢休，至今回味起来令人垂涎三尺。”

随着天福号北京特色美食的回归，食肉族们真是越来越有口福了。北方有立秋“贴秋膘”的习俗，天福号无疑又是主角。据新闻报道，每年立秋前几天，天福号都要准备几十吨的熟肉制品。立秋当天，北京人一大早都会在天福号门前排成一条长龙……

四川饭店

胡同里的正宗川味国宴，流传着一段红色传奇

清香醇美的开水白菜，令人垂涎的水煮牛肉，下饭神器麻婆豆腐，每次去四川饭店，我相信很多人和我一样，这几样是进店必点。价钱不贵，食材也很平民，却怎么吃都不厌，这就是正宗川味的魅力吧！

很多人可能不知道，京城这家著名的川菜老字号，曾经有着一段不平凡的历史。当年，周总理提议修建，朱老总亲自指挥饭店筹建，陈毅元帅是“半个经理”，厨师三进中南海为毛主席服务，被小平同志称赞“家乡味道太好了”……作为一家饭馆，和这么多位国家领导人有关，也是极为罕见的。

周总理下令筹建并亲自命名

四川饭店诞生于西绒线胡同的一座王府里，这里原是康熙皇帝

霱公府

第二十四子诚亲王之后溥霱（yù）的宅邸，光绪年间被称为勋贝子府，又被称为霱公府。1959 年 10 月 1 日，四川饭店在此处开张。店名是周恩来总理定的，匾额是郭沫若题的。可以说，从诞生之日起，它就被烙印上传奇的色彩。

这家川味饭馆究竟有什么来头呢？据老员工回忆，当年饭店建立的倡议源于 1959 年的五一劳动节。当时，全国上下沉浸在一片欢乐祥和的气氛中，而在京的一些四川籍老帅却苦于在首都北京吃不到正宗的四川菜。周恩来总理得知此事后，很理解这些老帅想念家乡味儿的心情，马上提议在北京建一个川菜馆，并责成北京市和四川省共同落实此事。

筹备组很快成立了，协商创办四川饭店。北京负责选址经营，四川负责选派技术人员和提供货源，要把四川饭店办成一个既能接待国家重点宴会，又能对群众服务的高级川菜饭庄。

经过紧张的筹备，店址选在位于西单西绒线胡同内一座幽静的王府大院。四川省选派了一大批高级厨师及服务员到北京工作，并建立了原料、调料的供应渠道。

1959 年 8 月 4 日四川饭店正式开业时，周总理亲临现场。他首先问候四川的同志是否生活习惯："你们远离家乡，来为北京市服务，感谢你们！"总理说，北京的大饭店多，地方菜多，四川菜一定要按川菜（的做法）严格操作，菜不走样，一定要保持正宗的川味，才能站稳脚。

朱德委员长应邀出席四川饭店开业试餐第一宴，他说："要坚持四川味。有人提出要照顾（不吃辣的人）少放辣椒，不行！吃回锅肉要少放辣椒，可以改吃酱爆肉。有意见叫他找我。"陈毅元帅也说："你们来北京不要去搞洋盘货，好看不好吃。菜就是讲究味，保持四川风味特点。"从此，正宗川味就成为了四川饭店的产品定位。

要说四川饭店的招牌名菜，那还真不少。厨师采用鱼香、干烧、酸辣、麻辣、怪味、椒麻、姜汁、红油等方法，烹制出具有麻、辣、甜、咸、酸、苦、香的各式菜肴。其中，影响最大、有口皆碑的名菜有烧牛头、麻辣牛肉、灯影牛肉、樟茶鸭、虫草鸭、怪味鸡、宫保鸡丁、锅巴三鲜、干烧大虾、鱼香肉丝、回锅肉、麻婆豆腐、开水白菜、干煸冬笋……

“下饭神器”麻婆豆腐

有好几个年头，朱老总做寿都是在四川饭店举行，中央主要领导同志参加，菜很简单，没有贵重的。据当年四川饭店厨师长回忆，给朱老总做寿，龙眼甜烧白、清蒸杂烩、牛肉炒泡豇豆、萝卜丝鲫鱼、红白豆腐汤这几样菜每次都要做，都是朱老总的最爱。

三进中南海　服务毛主席

陈松如自 1959 年四川饭店建立之初便调入北京担任主厨，有“国宝级厨师”的美誉。毛主席曾先后三次邀请他到中南海做菜，也留下了主席和川菜的一段故事。

陈松如后来在回忆文章中写道，主席喜欢吃大蒜豆瓣鱼，这是款传统川菜，四川饭店改为去渣、加大蒜瓣一起烧，色红微辣，咸鲜可口，回味甜酸，蒜香味浓，第一次就给主席留下了深刻的好感。陈松如第二次去时没有安排此菜，主席特意让秘书传话“豆瓣鱼好，再吃，教会厨师（指主席专用厨师）”。

主席还喜欢吃网油灯笼鸡，这道菜是由网油荷包鸡改良而来的。北京地区出一种比鸽子大、比仔鸡小的良种笋鸡，用白卤和红辣卤卤至入味离骨，用网油包成灯笼形状，下油锅炸至外酥肉嫩，一菜双味，深得主席赞许。午餐吃掉了一半多，主席表示剩下的“晚上热来吃”。难题出来了，主席的保健医生不同意，说不能吃剩菜，那个年代又没有微波炉，不好热。经研究，由四川饭店赶制一毛坯，送进中南海，晚上重新炸制，然后拨掉大半，做成吃剩的样子送上了主席的餐桌，这件趣闻在京城厨师中传为美谈。

陈松如三进中南海，让毛主席对四川饭店的菜品留下了深刻印象，并对厨师们给予了高度肯定与赞赏。让厨师们深为感动的是，主席也非常关心为他服务的人员，不仅派警卫员为厨师们送葡萄，还怕厨师们吃得不好，特意叮嘱工作人员要“捞活鱼给大师傅吃”，并让给自己做饭的李师傅亲自做葱烧海参、米粉蒸鸡，让厨师们品尝。

美味征服外国政要

四川饭店有一道名菜，周总理和邓小平都表示特别喜欢，它就是开水白菜。周总理一次在上海用餐后说“开水白菜还是四川饭店的好”，引发上海多家饭店派人进京切磋技艺。

开水，其实是至清的鸡汤。此汤要用老母鸡、老母鸭、火腿蹄肉、排骨、干贝等食材分别去杂入沸锅，加入料酒、葱蒜等调味品熬制至少四小时，再将鸡胸脯肉剁烂，灌以鲜汤搅成浆状，倒入锅中吸附杂质。反复吸附两三次之后，锅中原本略浊的鸡汤此刻呈开水般透彻清亮之状，香味浓醇敦厚，不油不腻，沁人心脾。

白菜，则要选取将熟未透的大白菜做原材，只选用当中发黄的嫩心，微焯之后漂冷，去尽菜腥后再用开水状的鸡汤淋浇至烫熟。烫过白菜的清汤当然要弃置不用，烫好的菜心垫入钵底，轻轻倒进新鲜的鸡汤，此菜才算成。成菜乍看清汤寡水，油星全无，但闻起

四川饭店名菜开水白菜

如今的四川饭店

来却香味扑鼻，吃在口中清鲜柔美，胜过万般佳肴。

除了提供一口“难得的家乡味儿”，四川饭店还有一项更重要的工作——以国宴级水准接待外国客人。

1982年，邓小平等国家领导人在此设宴为西哈努克亲王庆祝六十大寿，成为一大盛事。准备宴席前，厨师们先要定下菜单，包括冷菜、热菜和小吃共有数十种。菜单定好后，还要经过审查批准，才能进入正式实施程序。定在中午的宴会，准备工作从头天晚上就得开始操持。大菜显雅气，小吃显风味。尤其是用一根特制长面做出的担担面，令西哈努克亲王赞不绝口。据老厨师们回忆，四川饭店曾经接待过数十个国家的元首政要，每次都圆满完成任务，也算是为国争光。

四川饭店后来几经搬迁，1996 年迁往恭王府，2010 年迁往新街口，每天顾客盈门，饭点的时候门口经常坐满等座的顾客。停留在传说里的美味佳肴，已经走向人们的日常餐桌。

四川饭店身上曾经神秘的色彩，逐渐褪去，只有店里那一张张泛黄的照片，默默地记录着这家传奇饭馆曾经的辉煌岁月，令怀旧者遐思无限……

鸿宾楼

猜不透的全羊宴，解不开的黄金匾——清真第一楼的秘密

说起北京美食，清真菜必有一席之地，因为传统的北京菜是由山东菜、宫廷官府菜和清真菜组成的。而说起像样的清真饭庄，必先提起有着“京城清真第一楼”的鸿宾楼。坊间所传的北京清真老字号中的“一楼二烤三轩四顺”，其中的“一楼”就是它。

这家百年老号并非“北京土著”，而是新中国成立后由周总理从天津亲点进京，最初在李铁拐斜街（今铁树斜街）落脚，后来几经搬迁到了现在的展览路。鸿宾楼除了有让老饕们食指大动的清真名菜，还自带谜团，让人忍不住在品尝的同时去解谜，这也是一场有趣的美食之旅。

周总理为何亲点鸿宾楼进京

据记载，清咸丰三年（1853），鸿宾楼在天津旭街（今和平路）开业，其名字取自《礼记·月令》中的“季秋之月，鸿雁来宾”，

有宾朋悦来、座冠食家之意。不过，鸿宾楼真正扬名天津却是在四十六年之后。清光绪二十五年（1899），天津名厨钱树元、钱志臣等六人合资，在日租界内找了一栋小洋楼开业。借着“鸿宾”之言，在几位名厨的燕菜席和全羊席的加持之下，鸿宾楼名噪京津。

和北京的“八大楼”“八大居”“八大春”“四大春”对标，天津也有“八大成”、清真“九大楼”之说，而鸿宾楼便是津门清真“九大楼”之首。民国时期，许多政要名流以及外国客商多来此就餐，张学良、张自忠等都曾是其座上宾。

1955年，周总理亲点鸿宾楼正式进京。周总理为什么会选天津的鸿宾楼？年过八旬的鸿宾楼老堂头王守谦说，当时北京缺高档清真菜，选鸿宾楼是因为周总理在南开念书，对天津名店了解，对鸿宾楼熟。老爷子其实只说了个皮毛。当年，新中国刚刚成立，京城餐饮除了京菜老馆子外，大多是山东口味。在政府部门的指导下，各地的老馆子、名馆子才陆续进京，如湖南的曲园酒楼、陕西的老西安泡馍、四川的峨嵋酒家等。

鸿宾楼进京之后，大受欢迎，吸引了各界名流。郭沫若在品尝鸿宾楼的菜肴后，为鸿宾楼撰诗一首：“鸿雁来时风送暖，宾朋满座劝加餐。楼头赤帜红于火，好汉从来不畏难。”将每句的第一个字连起来就是“鸿宾楼好”，可见其赞美之意。

金字招牌里的秘密

去鸿宾楼吃饭，一进大门，就能看见大堂里挂着那块由六百二十五克黄金铸造而成、清代两榜进士于泽久题写的“鸿宾楼”金匾。这也是京城老字号中唯一一块金匾，可谓是真正的“金字招牌”了。

关于这块金匾，更吸引人们的则是它的三个未解之谜：一是这“鴻”字右侧的“鳥”本该有四点却写成了三点，两榜进士难道还写错别字不成？二是这块匾只有店铺字号，却无款识，这在名家题写的匾额之中也算十分少见的了。三是这块匾在店铺1998年易址之时，曾拿到荣宝斋见新，打开匾之后在匾底板中发现了一幅《牡丹美人图》，不知何人所画，更不知所画为何人，只知道作画时间为宣统年间。宣统年只有三年，传世作品已属少见，被藏在金匾之中，更是令人费解。这些谜团至今也没有确切答案，也给这家老字号平添了一些神秘色彩。

据说王守谦当年带着三样宝物进了京，分别是金匾、象牙筷和黄唇鱼肚。其中的金匾是京城老字号里独一份的百年老匾；象牙筷据说慈禧太后曾使用过；黄唇鱼肚更是身价百万，它是用黄唇鱼的鱼鳔干制而成，1934年鸿宾楼饭庄老当家购得这块九百二十克重的鱼肚，是当今世上罕见之珍品。

不过要说鸿宾楼最大的一个谜团，还得是号称“清真第一菜”的“全羊席”。因为看菜名，您绝对想不到这是羊做的，至于用的什么部位，更是全靠脑洞大开去猜。

据传到光绪年间，鸿宾楼做的全羊菜就已被食界公认。一种说法是慈禧太后出宫巡游时还曾点名要吃鸿宾楼的全羊大菜。后来，慈禧六十大寿时，宫内便以鸿宾楼做的“全羊席”为老佛爷祝寿。

最神奇的是，鸿宾楼的“全羊席”是“吃羊不见羊，食羊不觉羊”。全席共计一百二十八道菜品，全部来自一只整羊的各个部位。

鸿宾楼镇店三宝之一的黄唇鱼肚（刘平提供）

仅以羊首为例，头顶谓“麒麟顶”，焖之；后脑肉谓“金冠”，扒之；脑谓“云头”，烩之；耳中段谓“顺风”，炝之；眼皮肉谓“户皮”，灼之；羊耳的后边肉谓“核桃肉”，炸之；羊鼻骨下面之肉谓“望峰坡”，烹之；鼻脆骨谓“明骨”，蒸之；等等。

您要是单看这菜单里的菜名望峰坡、龙门角、蜜肥糕、焦熘脆、灯笼鼓、鞭打绣球、夜明珠……绝对想不出都是什么菜，经高人指点，才知道“独羊眼”为“明开暗合”，“烧羊鼻尖”为“望峰坡”，“羊耳朵尖”为“迎风扇”……鸿宾楼全羊席制作技艺如今已进入国家级非物质文化遗产名录，但是想吃也不那么容易，毕竟菜品丰盛，价格不菲，还需要提前五天预订，关键是其中的菜也并不单独售卖，所以笔者至今也没有口福品尝。

最出彩的还是牛羊肉

虽然没机会品尝“全羊席”，不过去鸿宾楼过一把牛羊肉的瘾还是没问题的。作为“京城清真第一楼”，鸿宾楼的牛羊肉菜最为出彩。比如我最爱的这道红烧牛尾，香味扑鼻，色泽红亮，肉质酥烂，脱骨而不失原形，老人吃也绝对没问题，为每吃必点、桌桌必点之名菜。

据店家介绍，红烧牛尾这道菜，上至高档国务宴会，下到散台零点，用量最多，最能反映鸿宾楼风采的菜就要数它了。清真餐馆用牛尾做的菜不少，但能达到鸿宾楼质量水平的极少。不单是吃主这么认为，业内同人也是这个看法。传说乾隆皇帝下江南经山东济南府时，微服私访，见街头一屠户身强力壮，肤色红润，便问其养生之道。屠户说：“哪里有什么养生之道，家境困难，每日宰牛后，都将好肉卖与客官，家中老小吃些头蹄下货，自己只是啃些牛尾度日。”乾隆皇帝便悟出道理，回京之后命御膳房以牛尾制成菜，供其享用。数日后，乾隆皇帝便感到不仅体质大大增强，而且记忆力大增。所以，牛尾还有强身补脑之功效。

鸿宾楼另一道看家菜砂锅羊头也很有风味。这道菜选用内蒙古西口所产大白羊的头为主料，这种羊头少腥膻，肉细嫩。制作时，用煺毛刷将羊头刷干净，白锅煮熟后，去皮骨、去油胰、去肉枣，在开水中反复焯几次，这是一套非常细致的初加工。烹制时，要用鸡鸭油煸锅，将熟羊头撕去舌皮、耳皮，用手撕成碎块，再放入鸡鸭牛肉煮成的清汤中，先用大火烧开再用砂锅煨炖，待肉烂汤浓再加入调味品。走菜时，配上蒜泥、香菜、白胡椒粉，真是入口浓香，尤其是大冬天的来一锅，暖心暖胃，极为享受。

鸿宾楼还有很多以牛羊肉为主材的美食，比如芫爆散丹、葱炮肉、它似蜜等。它家的羊肉西葫芦锅贴，做得非常好。我印象很深的还有天津风味的“独菜”系列，其实就是小火煨制，因为锅里会发出“嘟嘟”的响声，由此而得名。鸿宾楼有一款菜叫独脊髓，就是用高汤煨制的羊脊髓，滑嫩至极。高汤的味道浸润其中，伴随着羊本身的鲜美，第一次吃的时候着实惊艳了一下。

最后还得提下甜品。鸿宾楼有一款叫作凉果的小点心，有点类似于艾窝窝，里面的馅儿是豆沙加金糕，甜中带酸，再配上外面糯米的皮，非常好吃。据说，凉果是清真馆里的秘技，也是别处吃不到的。

鸿宾楼红烧牛尾（陈坦提供）

东来顺

北京有一道神奇的菜，只有它可以“一菜成席”

北京有一道神奇的菜，只有它可以“一菜成席”。它是什么呢?好这口儿的朋友一定可以想到啦，它就是我们热爱的涮羊肉。相传涮羊肉的发明者忽必烈当年吃的时候，佐料只有盐和沙葱，然而经过一代代厨师的发展创造，搭配涮羊肉的调料、配菜早已不可同日而语。

北京最负盛名的涮羊肉老字号东来顺的第四代非遗传承人、“中华绝技大师”陈立新先生，亲口给我们揭开了“一菜成席”背后的秘密。

涮肉只选用羊身上的五个部位

东来顺起源于清光绪二十九年（1903）丁德山在王府井东安市

东来顺第四代非遗传承人陈立新

场开的一家小粥铺。这位丁掌柜是一个商业奇才，凭着精明的头脑和众人称道的口碑，20 世纪 30 年代东来顺终于成了京城首屈一指的涮肉馆子。

东来顺受欢迎，第一条就是羊肉好，这也是“一菜成席”的关键所在。“百十来斤的羊，经过屠宰，去头蹄、内脏、毛皮和骨骼，也就能出三十来斤肉，涮肉用的大三叉、小三叉、磨裆、上脑、黄瓜条，只占这三十来斤肉的百分之四十，其余部分都做炒菜、酱肉和馅活去了。”

陈立新大师说得明白，东来顺涮肉只选用羊身上的五个部位，即上脑、黄瓜条、大三叉、小三叉、磨裆。这些部位有什么好处？

上脑就是从脖头至下数第三根肋条处，包裹脊骨的两条肌肉。它有一个特点，是肌肉和脂肪花着长的，也就是说，肌肉里包含着少量脂肪，肉片切出来，带有大理石状的天然花纹，与肥牛相似。黄瓜条就是包裹股骨的瘦肉，因为有一条肌肉与黄瓜相似而得名。小三叉是连接上脑至髋骨根部的部位，由瘦肉、脂肪混合体组成。大三叉是包裹髋骨的肌肉及羊尾根部脂肪组成，因切出的肉片一边

东来顺的切肉师傅

肥一边瘦，所以又叫一头沉。磨裆是和黄瓜条相连，包裹股骨的肌肉。这五个部位都是羊身上最嫩的部位。

陈立新表示，东来顺涮羊肉之所以能经久不衰，除了选料精以外，刀工的要求十分严格，必须薄厚均匀、排列整齐，形如手帕，切出的羊肉片舒展开来，放在青花瓷盘上，透过肉片，青花花纹清晰可见，那真是薄如纸、软如棉，肥而不腻、瘦而不柴，一涮就熟、久涮不老。具体的标准是“肉片长 152 毫米、宽 32 毫米、厚 0.9 毫米。每盘羊肉片 40 片，净重 200 克”，刀一挥出，不差分毫。就这一手，陈立新练了几十年，练到胳膊一个粗一个细，终成绝技。

小小糖蒜能做国礼

然而，只有羊肉远远成不了席。涮羊肉这一桌席还包括糖蒜、面点、辅料配料，甚至主食、烧饼也都算上。它们已经成为一个整体，缺了谁也不行。

说起吃涮羊肉的绝配，非糖蒜莫属。非遗传承人陈立新同时也是腌渍糖蒜技艺最正统、资历最深的传人，所以关于糖蒜的事儿，恐怕没人比他更清楚了。陈师傅语出惊人：“在七八十年代，东来顺的糖蒜是可以作为国礼的！”原来真有其事。当年万里同志当委员长的时候，就会送外宾东来顺的糖蒜，需要的时候，会直接派人来东来顺取糖蒜，然后作为礼物带出国。

东来顺用的是山东苍山的大蒜，一年就要去收十几万斤大蒜，

20世纪50年代北京东来顺餐厅一角

几乎一亩地抽一斤的精选率，完全地精挑细选。只要四六瓣的蒜，蒜瓣均匀。聊起糖蒜，陈立新最忘不了的一个人就是当初教他腌渍糖蒜的焦师傅。做糖蒜的所有工艺流程、原始配方，还有加工工艺，只有焦师傅能说一不二。一斤蒜半斤糖，纯手工操作，上百年就是这么传下来的。

东来顺坚持选用红褐色的六瓣糖蒜。这样做出来的糖蒜，永远是有回味的，咬在嘴里的口感是脆的，还要发甜，颜色要闪亮，有琥珀色，不能暗淡不透亮。小小一头糖蒜，都要穷尽心思琢磨。

20 世纪 90 年代，顾客在东来顺用餐

调料香 汤底鲜 火锅旺

调料勾兑是涮羊肉的一道看家功夫。之所以百家百味，主要是上百年来言传身教式的经验性管理造成了“只能意会，不可言传”或“家底不外传”的结果。出于商业秘密的原因，大部分商家都无量化标准，既然“各家都有各家的高招”，陈立新师傅也只能是将用料投放的先后顺序公布于众。

陈立新师傅大方地介绍了七种传统调味品的勾兑方法：“七种调料盛碗上桌，勾兑时，先放料酒、虾油、酱油、韭菜花，搅拌均匀后，放酱豆腐、芝麻酱，用勺顺时针搅拌，最后，再根据客人的要求，放辣椒油。这样勾兑的调料，搅拌均匀，而且，由于液体的先放，固体的后放，搅拌时不沾碗。顺时针搅拌，一来搅拌的调料不散不澥，二来表示一顺百顺。”

千万别小看这些调料，每一个都有讲究。比如东来顺闻名遐迩的铺淋酱油，原料选择和制作工艺都有独到之处。铺淋酱油的原料是大豆，每逢秋季，都有专人到指定的河北南皮县，北京大兴的马驹桥、庞各庄等地收购，因为这些地区的大豆颗粒饱满、色泽莹润、含油量高。晒干后，经过“一黄二水半斤盐”泡碎过筛，等过了伏酱期，再配加甘草、橘皮、冰糖等材料。经过这样十几道工序以后酿制出来的酱油，其口味、色泽简直让人望而生津，闻而生欲。

东来顺腌制的韭菜花也是独具匠心。腌制时要用不同的水果鲜汁勾兑，于是每年都有不同水果香味的韭菜花调料，提供给不同顾客的需要。这也是多年东来顺保持宾客盈门的重要原因之一。

与涮肉调料同时上桌的还有几样配料：葱花、香菜、雪里蕻、腌韭菜……虽然价格不高，但却必不可少，如果刀工精细，能够起到锦上添花的作用。

除了调料，好火锅不能缺了好汤底。清汤底料包括海米、葱花、姜片、口蘑汤。其中，口蘑汤发挥着不可忽视的作用。口蘑产自河北省张家口一带，属野生食用菌性食物。口蘑营养丰富，赖氨酸和亮氨酸较多。维生素含量丰富，主要含 B 族维生素和维生素 C。口蘑经过日照干制后，蛋白质含量高达 45%，用开水浸泡后，可产生醇厚的香味，与海米结合，使火锅汤味道鲜美。

一个烧饼也有匠心传承

涮羊肉的“一菜成席”还有几个不能忽视的角色，没了它们似乎就少了些意思，其中有一个便是大白菜。据民俗专家金受申先生考证，涮火锅以大白菜做辅料正是东来顺的创新。

金先生说：“火锅中加大白菜，并非是涮羊肉的原配夫妻，真正进入到涮羊肉之家，是在上世纪 20 年代由东来顺引进的。宋代称大白菜为‘菘’，是当时菜蔬的名品，大美食家苏东坡最喜用‘菘’炖制肉品。到东来顺的手中，大白菜又成了涮羊肉的绝妙搭档，羊肉吃到六成饱，在鲜浓滚烫的火锅里加进两刀嫩白菜叶，眨眼工夫就可以从肉汤中涮出，蘸调料一吃，顿感清香爽口，解腻增食。”

东来顺的主食可能很多人并不了解，然而主食制作工艺的传承并不比涮羊肉的年头少。关于面点的往事，陈立新还是听老师傅洪桂全讲述的。面食制作统称面案。东来顺面案，按蒸、炸、煮、烙，分蒸锅、饼锅、煎锅、饺子锅四个部位，每个部位都有传奇人物，比如饼锅的董四爷，饺子锅的徐五爷、屠五爷，等等。洪桂全是1942年十一岁的时候到东来顺当学徒，在董四爷的手底下学手艺。

东来顺的铜锅涮肉

董四爷名叫董玉贵，说起来，那可是有来历的。以前他是清宫御膳房的师傅，手艺好，还有一身的功夫。20世纪30年代，末代皇帝溥仪被赶出皇宫后，董四爷流落市井，辗转周折，后来到了东来顺。由于他资格老、手艺好，大家尊称董四爷。

据洪桂全回忆，当年东来顺只一个饼锅的面点品种就多了去了，光烧饼就有吊炉烧饼、缸炉烧饼、芝麻酱烧饼、马蹄烧饼四种，烙饼有家常饼、盘丝饼、玫瑰饼、葱花饼、锅盔饼、荷叶饼、肉饼、馅饼。家常饼还分家常饼加油、家常饼擀薄；锅盔有糖锅盔、咸锅盔；荷叶饼有大荷叶、小荷叶……

面点手艺就这样一代一代传了下来。如今最被食客津津乐道的还是已经传承了百年的芝麻烧饼。刚出炉的烧饼还冒着热气，焦香四溢，一口咬下去，外酥里嫩，一口一掉渣。这时候再来上一大口涮羊肉，那叫一个香。

一桌涮羊肉，能有这么些来历说头，可以洋洋洒洒写出几千字。这蕴含在羊肉、糖蒜、烧饼之中的悠长回味，便是文化的味道！这清汤中的原汁原味，炭火中的温暖回味，铜锅欢宴背后的平常岁月，正是北京人剪不断的那一缕乡愁。

砂锅居

歇后语里的这家老字号，二百多年一招收服食客心

北京深冬，一个寒风呼啸的日子，一位美食家朋友说，有一样东西和这天气最配，于是带我进了一家饭馆。我问吃什么，他答："白肉。"相信很多人和我一样，这俩字激发不了什么食欲，肉没啥新鲜，况且还是"白"的，听着就腻。

但很快，我就被"啪啪"打脸了。只见一个小小的砂锅端上来，看上去也不怎么起眼，但香气蒸腾，暖意袭人，一片片肥瘦相间的五花肉纤薄如纸，铺在切得细细的酸菜上。用白肉夹着酸菜，蘸着特制的韭菜花、腐乳和辣椒油调成的酱汁，只一口就调动起所有的味蕾，满口留香，让人大呼过瘾，最重要的是一点都不腻，不知不觉，砂锅就见底了。

我为自己对白肉的误解感到汗颜，不过后来看了唐鲁孙先生的一篇文章之后就释然了。他老人家的经历和我一样一样的，开始百

砂锅白肉

般嫌弃，不想尝试，吃过之后他这样写："白片肉五花三层，切得肉薄片大，肥的部分晶莹透明，瘦的地方松软欲糜，蘸着酱油蒜泥一起吃杠子头（北平一种极硬发面饼），确实别有风味，是前所未尝的。"

没错，这家以白肉纵横京城的老字号，就是砂锅居。它家的招牌写道"名震京都三百载，味压华北白肉香"，真够豪横的！

这句歇后语里藏着什么秘密

自打清乾隆六年（1741）开业砂锅居就一直卖煮白肉，所以说起白肉，甭管京城有多少馆子做这口儿，敢说都做不过砂锅居。

很多人可能不知道白肉是什么，其实就是白煮猪肉。吃白肉最早是满人习俗，宫廷、王府祭祀攒盘、摆件子，民间时兴的烧燎白煮席等都与吃白肉相关，而砂锅居是老北京经营满族菜的馆子，单就是一个砂锅白肉就已卖了二百八十多年。您说，这口儿能不正吗？

我还听老人说起，北京有句挺有名的歇后语“砂锅居的幌子——过午不候”，很多年砂锅居只做半天的生意。这就奇怪了，难道是嫌赚钱太多吗？要揭开歇后语背后的秘密，那就得了解一下砂锅居的来历。

当年清朝宫廷和各王府中都有祭祖制度，祭品多用上等全猪制成。祭祖用过的猪肉常有剩余，府里人吃不了；可府里有规定，祭

《清俗纪闻》中家庙祭祀的插画

祀肉是不准出门的。不过有时主家管控得也不那么严，常有人偷着把余肉和下货带出去，赏赐更夫或便宜卖了。早年西四缸瓦市街是卖缸、盆、瓦罐的一条街，有不少存放缸瓦的旧房子，更夫们租了几间空房子，从王府里弄来一口据说是明代朝皇奉神煮食祭品，直径四尺、深三尺，一次能煮一头整猪的“神锅”，便用这口神锅做起了煮白肉的买卖。来此吃白肉的多是贩夫走卒，而这个吃白肉的地儿，人们称之为下水棚子。

这家店其实有大名叫和顺居，但是因店里煮肉用的大砂锅太显眼，人们习惯称为砂锅居。后来据说是机缘巧合得到宫里专门做白活儿的名厨指点，学到了“烧、燎、白煮”绝活，渐渐有了名声。

然而，砂锅居真正出名是缘于清光绪年间一个太监。当年，一个旗人宰辅在家庆寿，宾客满堂，几个太监高居上座。开席之际，茶师照例说请宫里的公公老爷们要菜，一个太监信口开河地说：“我要砂锅居的烧碟儿炸肷贴。”于是主家立即请砂锅居的厨师来备办伺候。“当朝宰相家老爷子庆寿使用了砂锅居的席！”这消息立即传遍京华，难登大雅之堂的下水棚子被捧上了天。自那以后，京旗官宦人家以及家资较裕的旗人家办宴席，都要砂锅居的烧燎白煮为主要席面。砂锅居从此名声大震。

但是，那句歇后语“砂锅居的幌子——过午不候”又是怎么流传下来的呢？原来，砂锅居卖的白肉，是头天晚上宰杀一头百十斤重的京东鞭猪，拾掇干净后，连夜放在一口直径四尺、深三尺的大锅中煮一夜，次日晨正好熟透，8点营业，顾客云集。时人诗云“缸瓦市中吃白肉，日头才出已云迟”，充分说明了砂锅居买卖兴隆的情景。由于一天只能卖一头猪，通常半天就卖光了，到正午12点，就摘幌子，卷门帘，停止营业，故只能过午不候了。直到民国年间，这个规矩才改，砂锅居开始供应晚餐。

“砂锅全桌”的六十四烧碟有多豪横

民国著名的美食家，如梁实秋、唐鲁孙等其实对砂锅居开始都有一些微词，觉得全是猪肉未免过于单调。很多朋友大概也会觉得，说来说去不就是个砂锅吗？能有多少花样？我起初也是有这样的疑问，不过听完店家介绍的六十四烧碟，顿时觉得自己孤陋寡闻了。

当年砂锅居敢亮出“独此一家，别无分号”的招牌，靠的是什么？这个独门手艺就叫烧、燎、白煮。

烧实则为炸，将煮制后的原料再用油炸制成菜肴，如炸鹿尾、炸肥肠、炸丸子等，炸成后，蘸以椒盐食之，外焦里嫩，香脆可口。

燎是满族人进关前祭祀时所用的生烧火燎猪羊肉的做法，将带皮的五花猪肉、肘、蹄、头等，用旺而不烈的火来回翻烤，待皮上起一层小泡后，经温水浸泡，刮去煳皮，放入清水砂锅中煮熟。成品外皮金黄，肉质白嫩，蘸上配好的调料食用，滋味绝佳。煳肘是其代表名肴。

白煮是砂锅居最富特色的烹调技法，将刮洗干净、去异味、去污沫后的猪肉和内脏放入一次放足清水的砂锅内，旺火烧开，微火慢煮，汤沸而不腾，脂肪溶于汤中，汤味浓厚，肉质酥嫩香烂，蘸着用酱油蒜泥、韭菜花、辣椒油、豆腐乳、香油等调好的味汁食之，美味无穷。

砂锅居把煮好的白肉、下货再加工成特色菜肴，称为小烧。因菜盛装在六寸的浅盘中，因此叫烧碟。最早的烧碟仅有八种，有炸排骨、炸腰花、炸脂油卷、炸里脊、炸肥肠、炸肝尖、烧子盖、烧脸子等，后来发展到二十四、三十二、四十八、六十四个烧碟。全盛时期，烧碟品种多达一百三十个。

因这些菜肴全部取材于一头猪，因此又叫作“全猪席”：五花肉可制成别具一格的如意卷；猪肝可烧成形若凤凰之睛的凤眼肝；猪肠可烧成金黄艳丽的炸鹿尾；猪肉剁成泥，做干炸小丸子蘸“老虎酱”……这就是“砂锅全桌”。卖法有整桌、半桌、一角（四分之一），这种席面是典型的满式肴馔。清代诗人袁枚称烧燎白煮：“此是北人擅长之菜，南人效之终不能。”

北京人吃上了小砂锅菜

砂锅居的“大锅菜”一直延续了上百年，北京人真正吃上小砂锅菜是在新中国成立后。1952 年，砂锅居为适应大众口味，增添了用小砂锅炖煮的砂锅白肉、砂锅鸡块、砂锅丸子、砂锅豆腐和什锦砂锅等砂锅菜，受到顾客欢迎。

现在我们去砂锅居，会发现砂锅菜中不单是清一色的白煮肉，增加了些适口的辅料，如自制的酸菜，柔韧、筋道的细粉，还有海米、口蘑等。吃时蘸上特制调好的佐料，汤味浓厚、肉质鲜嫩，肥肉不腻、瘦肉不柴。同时，鸡、鱼、虾、蟹、参、翅、贝类都能以

砂锅居外景

砂锅法制菜。

20 世纪五六十年代，许多文化界知名人士经常到砂锅居聚会请客。1964 年 6 月 12 日，周总理、陈毅副总理亲自到店里品尝砂锅菜肴，向厨师、工作人员敬酒、问候，夸奖菜做得好，并勉励他们：“一定要保持和发扬你们的北京风味。”这成了老厨师们永难忘怀的事。

在很多北京人的记忆中，砂锅居是占有一席之地的。一位名叫宫五一的老人曾经讲过和砂锅居的缘分，让我颇为感动。他说最早一次吃是在 1955 年冬天，父亲刚从抗美援朝战场回京，带他去吃砂锅居，点了砂锅白肉、鱼香肉丝和两碗米饭，“我一口肉菜、一口米饭立刻狼吞虎咽起来，不一会儿就吃得额头冒汗、小脸通红”。这位老人当时还是五岁的幼童。1977 年，他谈恋爱时本想请心仪的姑娘吃砂锅居，不想囊中羞涩，反倒让豪爽的姑娘请了客，这次吃的是砂锅白肉和九转大肠。他对姑娘许诺：“这顿饭算我欠着，日后定当加倍偿还！”然而，身为一名警察，他一直工作繁忙，虽然娶了这位心仪的姑娘，承诺却多年没能兑现。直到 2011 年退休，他才终于踏踏实实地偕老伴再度光顾砂锅居：“这一次，我把店里有名的主菜、副食痛痛快快点了一桌子，连本带利都还了……”妻子抱怨：“瞧！为等这顿还愿饭，熬得我都白了头……”

这真是个动人的故事。一只砂锅的美妙滋味，就这样伴随其一生。

森隆饭庄

老食客惦记了十多年，细说一道招牌菜里的讲究

2019 年 11 月 8 日，曾经停业十多年的京城老字号森隆饭庄在崇文门新世界商场重张营业。京城老饕们奔走相告：又可以尝到经典老味道了！松鼠鳜鱼、冬菜包子、响油鳝糊、冬菜扒鸭、牛充猴头……1924 年开业，曾经风光一时，也经历多次开开停停，这家京城老字号已走过将近百年。

曾是中国人爱吃的西餐

要说森隆饭庄，和北京其他老字号还不太一样，它属于洋派，曾经因西餐而闻名。当年气派的四层楼饭庄，成为东安市场一景，不少老人回忆起来都会提到。

20 世纪 20 年代，一进金鱼胡同东安市场，北门西侧有一座四

别饶风味——《飞影阁画报》中描画的晚清西餐场景

层高楼，那就是森隆饭庄，原名叫森隆中西餐馆。当年东安市场里的建筑物差不多都是二层楼，后来东来顺虽然也加高到四层，可是四楼是平台，只能吃烤肉，所以森隆在东安市场可以说是一枝独秀。森隆一层是南货店稻香春，二楼是中菜部，三楼是西菜部，四楼是素食部。东家是一人，名为张森隆。张森隆原本是在南方做食品学徒，1915年到北京东安市场摆肉饺摊，又卖南味糕点。后来开“稻香春”糕点铺的就是他。他开森隆饭庄时正担任着东安市场联合会的会长，因此森隆饭庄在东安市场里声势浩大，跟东来顺、中兴百货店、荣华斋西点、庆林春茶庄并称为“五人义”。

森隆西菜部的主顾以京城东北城的王公府邸以及殷富人家为主要对象。那些人家既想赶时髦吃大菜，可是又不敢吃血丝糊拉的牛排，同时又怕拿刀用叉失了礼仪，所以都喜欢到森隆吃西餐。而森隆西菜部散桌寥寥，全是雅座，门帘一放下来，爱怎么吃就怎么吃，没人能瞧见。森隆西菜部实际上是一家本土化的西餐馆，迎合了时人爱追时髦的心理。

森隆饭庄的中菜部经营江苏菜系的镇江风味菜肴，擅长烧、炖、煎、蒸、扒等多种技艺，其中以鱼虾为原料的菜肴有红烧头尾、松鼠鳜鱼、干烧大虾、金钱虾酥、罗汉大虾、烧中段、烧划水、奶油鲫鱼等，一开业也很红火。

据说张森隆有很广泛的社会关系，聘请的红白案师傅都是非常有名的淮扬菜大厨。当时，张森隆还资助了一个演艺人的剧场，就在东安市场楼上，侯宝林、新凤霞等很多说唱艺人都在这个剧场里演出，所以来这里的演艺界名流很多。梅兰芳、张君秋、袁世海等京剧界人士经常光顾森隆饭庄，相声界的侯宝林、马季也都是森隆的老主顾。

当时北大（今沙滩红楼）的不少著名学者、教授、作家及学生等知识界人士也常光顾森隆，聚餐小酌，高谈阔论。在他们的笔下，常提及森隆的字号。《鲁迅日记》中也出现过森隆的名字。1929 年 5 月 29 日，来京探亲的鲁迅与友人在森隆吃晚餐，之后去位于景山东街马神庙（今沙滩后街）的北大二院演讲，之后再回森隆吃夜宵。

菊花火锅与肴肉

森隆饭庄 1956 年参加公私合营，1968 年东安市场改造时被取消，1979 年在东四北大街重张。开业的时候，还去了不少老艺术家和老艺人的二代和三代捧场。

著名相声演员孟凡贵就曾写文回忆他年轻的时候跟随老艺术家们在森隆饭庄吃饭的趣事。对于森隆饭庄的菜品，孟凡贵印象最深的是菊花火锅。“在森隆饭庄我第一次品尝到了正宗的淮扬风味‘菊花火锅’，这也是森隆饭庄的名菜。原料有鸡肉、虾仁、鸭胗、里脊肉，再加上冬笋、粉丝、菠菜。每种原料都码成一个小扇面状，组

肴肉

合起来就是一个圆形。中间空出来的那个圆的部位放菊花。菊花要洗干净，花蕊要去掉。锅子里的汤是调好的鸡汤。点上火，火从锅子四周冒出来，非常好看。您可以边涮边吃边欣赏。”

孟凡贵还难忘森隆饭庄的一道凉菜——肴肉：“开始我不懂，管那叫‘尧肉’，后来才知道这叫肴肉，是江南镇江名菜，据说有好几百年历史了。讲究带着肉皮吃，过去有拿猪蹄做的，叫‘水晶肴蹄’，实际上正宗镇江肴肉是用猪腿肉做的，蘸着镇江香醋、姜丝吃，可祛寒气。”

然而，2005 年因为地铁 5 号线建设，位于东四北大街张自忠路口东北角的森隆饭庄被拆停业。此后，老主顾们一等就是十多年。

一道响油鳝糊里的讲究

2019年立冬这一天，森隆饭庄在崇外大街新世界商场重新开业，热腾腾的手工荠菜水饺成为喜迎顾客的头道面食。

在停业的十多年间，据说经常有老食客找到饭庄所属的兴华美食餐饮有限责任公司，希望能恢复森隆饭庄。“这些老食客都非常有情怀，我在我们公司的萃华楼、东兴楼工作时，经常看到他们去找公司的人，希望能恢复森隆饭庄。森隆当年有什么好菜、口感是什么，他们都会跟我们聊。”森隆饭庄总经理王培欣介绍。

老食客对森隆饭庄的一些招牌菜念念不忘。一位老人在博客文章中详细回忆了森隆饭庄过去做响油鳝糊的处理方法：

从江苏稻田里抓来的野生鳝鱼，到森隆的后厨后，要用一米深的大缸清水养一周，每天早晚换水，鳝鱼每天吐泥，也有一路过来快死的就马上捞出去。鳝鱼在缸里养都是像筷子一样地立着，一周过去，清水养的鳝鱼已经一点土腥味没有了。这时候，要用大灶烧一大锅开水，开水里放醋和姜，两个人一起合作，一桶鳝鱼大概有个十几斤重，一位师傅快速倒进大锅里，另一个师傅迅速地盖上盖子，几分钟就没有动静了。打开盖子，一位师傅用大长把的铲子开始把鳝鱼翻匀，出锅后要马上放进凉水里拔着。鳝鱼的温度下来以后，用一种专用的自制的小竹刀来把鳝鱼划开，它里面的骨骼是三角形的，竹刀在鳝鱼嘴下面下刀，贴着鱼骨头，三刀把鳝鱼骨头划出来，鱼肉不能烂不能碎。

这样处理过的鳝鱼再爆炒勾芡，才能鲜嫩香滑，其中费工费力

响油鳝糊

自不必说。如今，这道响油鳝糊也回来了，还做了改进。“经过老食客试吃后，我们在汆水之前，先过一下油，肉质更紧实。”总经理王培欣介绍。

还有著名的招牌菜松鼠鳜鱼。为了保持老味道，选择冰鲜的鳜鱼，先在冰箱里冻一下，吃起来外脆里糯。冬菜包子以前在森隆卖得非常好，停业后，老师傅去松鹤楼卖包子了。这次森隆饭庄重新开张后，公司又把老师傅请了回来。

越来越多的京城老字号回来了，这里面有绵延不断的北京美食文化，也承载着几代人的往昔岁月！

悦宾饭馆

这家胡同里的饭馆为何成为改革开放的“历史符号”

上午 11 点不到，位于北京东城区翠花胡同的悦宾饭馆门口开始排起了队。饭馆 11 点开门，老食客都知道，如果不早点到，就要排长龙了。

一家胡同里的小饭馆为什么这么火？大众点评网上的评价大都是“上菜快、好吃、量多”。除了味道好，其实还有很多人是慕名而来的，就冲着饭店的门口挂着的那块意义匪浅的招牌——“中国个体第一家”。

靠四只鸭子开了张

1980 年 10 月 7 日，《北京晚报》刊登了一条豆腐块大小的新闻：“本市城区第一家个体经营的悦宾餐馆今天开业。”殊不知，这一行字开启了北京餐饮业的新一段崭新历史。改革开放前，所有餐馆都是国营的。自此之后，个体餐馆如雨后春笋一样蓬勃发展起来。

店主刘桂仙和老伴郭培基之前一个在幼儿园打杂，一个在食堂里当大厨，拉扯着五个孩子，日子过得挺紧巴。一天晚上，他们听收音机里说外地有夫妻自己蒸包子上街卖，刘桂仙觉得自己做饭手艺不错，于是忽然产生了开小餐馆的想法。

那个时候，还没有“个体户”这个词。老伴说，开饭馆，那得有照，国家不批准，不能随便开。刘桂仙说：“那我去申请申请。”适逢改革春风吹起，市场经济初现，国家为个体经营刚刚打开了一道门。经过一番波折之后，东城区工商局批准了他们的申请。夫妻俩用别人不要的废料在院里盖了小厨房和小洗碗间，搭了锅台，挖了地沟，通了上下水……

工商局对北京第一家个体户很是扶持，作保给他家从银行贷了五百块钱。刘桂仙拿这钱买了一台“雪花”牌电冰箱，小店就这么开业了。他们取名叫“悦宾”，意为服务宾朋，愉快用餐。屋里四张小桌，八九平方米，墙上贴着横幅，上书“尝尝看”。

开张那天，刘桂仙手里的流动资金只有三十六块钱。她盘算做什么饭，最后去朝内菜市场买回来四只鸭子，因为北京当时很多商品都要凭票购买，只有买鸭子不要票。

刘桂仙曾描述开张当天的情景：“就顺着这胡同，排出去好几十米，还下着雨，打着伞呢。我把四只鸭子做成好几种，有香酥鸭、麻辣鸭、八宝鸭，一块钱一份，一会儿就抢光了。东西卖完哩，人

中国改革开放后北京第一家个体经营饭馆

还不走，还排着。为啥？他们说了：‘这顿吃不上，不是还有下顿嘛。’那大队排得，可了不得！我家老头下班回来，一进胡同，瞅见我家门口那么多人，还以为家里出啥事了。那会儿，私人饭馆，仅此一家，大伙儿好奇呗！”

这天中午，四只鸭子卖光后，刘桂仙用刚挣得的钱又买回来七只鸭子。晚上，七只鸭子也被抢光了。开业第一天，刘桂仙挣了三十八块钱，相当于当时北京工人一个月的工资。

郭培基回忆，那天晚上下班进屋时，有三个外国记者因为没吃上饭不愿意走，郭培基就向邻居借了点面条，做了几碗打卤面。几名外国记者吃得两眼放光。几天以后，美国合众国际社的记者在一篇报道中这样写道："在中国共产党的心脏，美味食品和私人工商业正在狭窄的胡同里恢复元气。"

门口死等的铁粉们

如今，四十多年过去了，时间似乎在这家小饭馆里流淌得格外缓慢，还是那个胡同里的小馆子，白墙小桌迎客，用着圆珠笔、复写纸、老算盘。店里装潢仍是20世纪90年代的模样，招牌菜还是那几样，盛在简单朴素的白瓷盘里。

客人依然很多，11点刚过，服务员就站在门口温馨提示："已经满客了，请大家往前走左转到悦仙饭馆，都是一家的，一个味儿。"当年，由于悦宾饭馆的名声越来越响，客人坐不下。1981年春节，国务院副总理陈慕华、姚依林到悦宾拜年，鼓励他们"把买卖做大"。不久之后，悦宾饭馆开始雇工。一年之后，在翠花胡同另一头，分店悦仙饭馆开张。

店里的客人以老顾客为主，他们往往知道哪个时间点来不用等位，坐下来菜单都不用看直接报菜名；有领着女朋友来感受自己儿时胡同记忆的；有打娘胎里就吃着悦宾饭馆的菜，现在又带着

「尝尝看」笑语满堂

·王达人·

昨天上午，东城区翠花胡同四十三号新开业的私人经营的悦宾饭馆门庭若市，笑语满堂。三张铺着洁白桌布的圆桌四周坐满了顾客。

走进侧作间，只见饭馆主人刘桂仙和她的儿子郭洪利、郭洪宪有的炒菜，有的打杂，炉火熊熊，锅勺叮当。刘桂仙高兴地说：「真没想到，开业第一天，生意就这么兴隆，还不到一个小时，就来了三十几位顾客。」说着，她颠了两下炒勺，手起勺落，一盘红绿相间，香味扑鼻的肉片炒油菜心便倒在了一个九寸盘内。我问：「这个卖多少钱？」她说：「四毛。」我根据做菜的原料粗略算了一下，毛利率还不到百分之二十五，真是便宜。怪不得刚才两位顾客要了一盘肉片炒菜花、一盘卤香菇、两碗豆腐汤、二斤二两米饭，外加一两大曲酒，才花了一元九角六分钱。

这时，刘桂仙的邻居来端预订的香酥鸭。这位顾客说，刘师傅是多年的厨师，会做许多川、粤名菜，尤以烧、燴菜擅长。

「这些菜的原料由哪儿供应呢？」我禁不住插问道。这一问可把刘桂仙的话匣子打开了，她滔滔不绝地说：这次开业多亏得到东城区有关部门的热情支持。粮食局批给粮食和食油，烟酒批发部尽量供给好酒，灯市西口副食店全力保证各种原料，银行办事处发放贷款。尤其是区工商行政管理局为我们到处奔走，四下联系，碰了不少的钉子。

刘桂仙说的碰钉子，指的就是至今还在发生效力的一条规定，「对于食品行业，目前暂不搞个体经营」。刘桂仙母子的「连家铺」之所以经过半年的申请才迟迟开业，就是由于这道紧箍在作怪。

从悦宾饭馆出来，餐厅里悬挂着的横幅上的「尝尝看」三个大字总是在我脑海里跳跃：那些不赞成搞个体饮食户的领导同志们是否可以亲临悦宾饭馆尝一尝、看一看，究竟北京该不该开个体饮食户。

刘文典

竟不能痛痛快快
开绿灯呢？原因
在于他们被一条
品行业，目前
体经营”的规定
看来，要为人民
，思想不解放一
的。不知有关部
件事尝到了啥滋
众看来，应该尝

窃 居然失而复得

开业后《北京晚报》对悦宾饭馆进行的报道

孩子来的；有带着哥们专门进悦宾感受家常味道的；有曾经的老街坊搬远了又专门回来怀旧的；也有每次来北京都要到悦宾撮上一顿，找初到北京时感觉的外地朋友；还有旁边的上班族，点一份面筋扒白菜一份米饭，打包带走……

一位自称铁粉的顾客常带朋友来这里吃，排队也死等。“都是家常味道，习惯了，就跟在家里吃饭一样。”他说，每个月总要来几次，“不来会想那个味道”。一位陈爷爷说，当年看到《北京晚报》对悦宾饭馆的报道，还特地骑着自行车“来看了看”。几十年之后，老伴过生日，得知悦宾饭馆还保留着一道名为锅塌豆腐盒的菜品，一家人决定到悦宾饭馆过生日：“这些传统菜很难找到了，到有历史的悦宾饭馆过个生日比较有意义。”

胡同里的家常味道

悦宾饭馆的这些招牌菜都是地道的家常菜。刘桂仙当年帮工打杂的时候，和师傅偷学到做饭手艺，又喜欢自己琢磨，于是自创了不少菜式，吃过的人都夸味道独特。这些菜就这么保留下来，成了悦宾饭馆的独家味道。

虽然几经扩建，悦宾饭馆到现在也只有十一张桌子，即便满座，一次也只能接待五十位左右的客人。翻开悦宾饭馆的菜单，第一页自创菜有十八个，食客们最津津乐道的也是这些。比如五丝筒，是用肉丝、粉丝、葱丝等做馅，鸡蛋皮裹成筒状，油煎得香脆焦熟，蘸甜面酱，夹小葱，包进巴掌大的薄饼里食用。扒白菜将大白菜心切成条状，加油面筋烩制，极其爽口。即使是最平常的冬瓜丸子砂锅，肉丸子细腻得简直入口即化，也是非常好吃。

大众点评网上食客留下很多评论：蒜泥肘子“倍儿惊艳”，皮肉“肥而不腻”，盘底还暗藏“乾坤”；糖醋排骨“肉嫩汁香”，“很顺口儿”。服务员全是“北京阿姨”，“特热情”；老板两口子也不错，办事和说话都“挺利索”。

如今照料着店里生意的是郭家的第三代。老店主刘桂仙去世后，继承了奶奶手艺的长孙郭诚辞了外面的工作，回到悦宾饭馆，守着奶奶传下来的味道，孙女郭华则打点着店里的里里外外。

“从我记事起，家里的每一个人都要参与饭馆的具体工作，尤其是奶奶，直到去世前，她每天都要亲自来饭馆，就是为了保证饭菜的品质。”郭诚相信，四十多年来，悦宾保持着持续的人气，靠的不是“中国个体第一家”的招牌，而是始终如一的口感。在他看来，奶奶留给后代最宝贵的遗产，就是饭馆的口碑。“这是悦宾的生命。很多顾客都成了我们家的好朋友，我的名字还是一位顾客给取的。‘郭诚’，意即诚信经营。”

胡同里的悦宾饭馆像一个历史符号，记载着中国改革开放进程中难忘的一笔。

1980 年 10 月 7 日，中国第一家个体饭馆悦宾饭馆开业

仿膳饭庄

虽然没吃过满汉全席，但这里有满满的童年记忆

说起北海的仿膳饭庄，听着就那么高大上！盛传20世纪80年代，三个日本人曾经来仿膳，点名要吃“满汉全席”，三天吃了六顿饭，算是尝尽了满汉全席，算一算，花了十二万。记得听到这个故事的时候，十几岁的我心里充满了震惊。那时候北京人一个月的工资才一两百块钱，十二万能吃什么，实在超出我的想象力，至今不知道那是真事儿还是段子。

但仿膳我还是进去过的，即使是普通老百姓，也有能吃得起的东西。最难忘的就是小时候有一次爸爸带我到北海划船，我吃完了带的面包居然还没吃饱，于是爸爸给我在仿膳点了肉末烧饼和小窝头。在很长一段时间里，我都觉得这是我此生吃过的最好吃的东西。永留记忆的还有北海的白塔，爸爸温暖的笑容，那些回不去的旧时光。

20 世纪 80 年代在仿膳用餐的顾客

御膳房里的厨子组团创业

仿膳饭庄创建于 1925 年，如今也快成百年老号了。说起仿膳的开业，与中国近代历史的变迁有关。

1911 年辛亥革命推翻了清王朝的统治，1912 年建立了中华民国。原为清宫服务的御膳房职能大大减少，当差的厨役也遭到裁减，相继出宫，流落到民间。这些人有一把好手艺，而且还年富力强，不想在家赋闲，总想再发挥特长干点什么。

1925 年 8 月 1 日，昔日的皇家御苑——北海作为公园对市民开放。由于票价不菲，一般老百姓买不起，所以进来的大多是当官的、有钱的。这些人在公园内逛累了，就想着找个地方坐下来歇会儿，

20 世纪 50 年代的仿膳

喝点吃点。为了满足这些富贵游客游览时的饮食需求，北海公园陆续开设几家茶社，仿膳饭庄最早就是这么办起来的。

原在清宫御膳房当御厨的赵仁斋、孙绍然、王玉山、赵永寿、梁海亭、陈增贵等人看到这一商机，决定组团创业。1925 年 8 月 28 日，他们在北海西北岸开办了一家茶社，向游人供应茶水和点心。

1925 年 12 月 8 日，《晶报》曾对仿膳做过介绍。该报称："北海公园松坡图书馆旁有茶点处，其商标曰'仿膳'，盖取仿御膳制法之意。所用庖丁，闻即清宫御膳房之旧人，所制小吃，如豌豆糕、芸豆卷、栗子糕、豌豆黄，各种糖粘、蜜饯以及包子、饺子、千层糕、蝴蝶卷、一品烧饼、小窝头之类，精美洁净，非比寻常，不愧为天厨制品。尤以小窝头最为精致，形如小酒杯，面质甚薄，不但式样与穷人所吃者不同，即面粉亦较寻常细多矣。"

1959 年，仿膳斋从北岸迁到白塔琼华岛漪澜堂院落，改名为仿膳饭庄。文学大师老舍先生和"末代皇弟"溥杰先生都曾为仿膳题写过牌匾。

1962 年 5 月 3 日，中共北京市委统战部和北京市民政局在北海公园仿膳饭庄设宴祝贺溥仪与李淑贤新婚。此次婚宴共两桌，让多年没有吃到宫廷御宴的溥仪又惊又喜，席间吃完大餐再吃点心，美美地饱餐了一顿。感谢领导之余，他连连称赞仿膳菜品正宗地道！

现在，仿膳饭庄从琼华岛漪澜堂搬到了静心斋西、快雪堂东一处小山坡前的仿古建筑之中，还在北海公园外开了好几家分店。

老舍为仿膳题字的牌匾

两样点心的传奇往事

前不久，朋友聚餐又去仿膳，那天吃了不少大菜。店家介绍，仿膳的特色菜肴有“四抓”，即抓炒里脊、抓炒鱼片、抓炒腰花、抓炒大虾；“四酱”，即炒黄瓜酱、炒胡萝卜酱、炒豌豆酱、炒榛子酱；“四酥”，即酥鸡、酥肉、酥鱼、酥海带……点了一大桌子，但最喜欢的还是肉末烧饼和小窝头，忍不住多写两笔。

关于小窝头的传说，估计北京人都知道。据说庚子年间八国联军入侵中国，慈禧西行逃难，一次投宿在一户贫苦农家，农妇拿出家中仅有的两个窝头待客。慈禧腹中饥饿，吃得甚为高兴。回北京后，她对窝头的滋味念念不忘，命御厨仿制。御厨哪里敢将真正的玉米面窝头端上慈禧的餐桌？于是将筛细的玉米面用糖水和好，做成拇指大小的窝头奉上。慈禧吃后，大加赞赏！

我小时候听到的说法是：慈禧吃的小窝头是用栗子面做的，故老百姓俗称栗子面小窝头。其实纯用栗子面是蒸不成窝头形儿的，因为其干裂，不合团儿。做小窝头用的是上好的新玉米面，过细罗，再掺入上好的黄豆面，蒸的时候加桂花、白糖，吃着又暄又甜。一斤面要蒸出一百个小窝头才够“小”。

肉末烧饼相传也是慈禧太后创制：在扁形面饼里放进沾有香油的小面球，外刷有糖水，撒上芝麻仁，用炉火烤熟。吃的时候能完整地取出面球，用来夹肉末，这种吃法源自清宫帝后的饮食习惯。

但改良肉末烧饼的却是我们敬爱的周总理。1975 年 5 月的一天，正在北海西岸墙外解放军三〇五医院住院治疗的周恩来总理来仿膳休息用餐。他在品尝了肉末烧饼之后，对厨师的技艺表示肯定，同时建议肉末里再加点荸荠末、笋末，这样口感会更好，而且营养还丰富，后来仿膳厨师根据总理的建议进行了改进。我们现在吃的肉末烧饼就是经过改进的，香而不腻，确实比纯肉馅的更美味。

仿膳的小窝头

满汉全席有了“精选版”

仿膳的满汉全席虽然没有吃过，却是必须要说一说，因为实在是太有名了。可到底什么是满汉全席呢？这件事其实颇有争议。

清朝的宫廷大宴是否用过满汉全席？并无确切记载。若按清宫御膳房“膳底档”所载，皇帝个人御膳并非如民间传说，菜品一般仅二十种左右，节俭的道光皇帝每餐不超过五种，唯慈禧骄奢，动辄近百种。大宴盛行于乾隆年间，以后则很少见。

但据当年的文献记载，这种大型宴会称满汉席。如文人袁枚《随园食单》中说：“江浙流行满汉席，是供新亲上门，上司入境。”乾隆时文人李斗所著《扬州画舫录》卷四载有满汉席菜单，但与流传民间到今天的满汉全席却大不相同。

据早年间仿膳的师傅说，满汉全席的菜单其实更多的是通过师承、文献发掘而形成的。为了不断挖掘开发宫廷名菜，仿膳多次前往故宫博物院，在浩繁的清宫御膳档案中整理出乾隆、光绪年间的数百种菜肴。仿膳饭庄目前已经掌握了八百余种清廷御膳菜肴的制作技术，并成为国家级非物质文化遗产，这些努力才使满汉全席从传说变成了现实。

据介绍，满汉全席可谓汇满汉南北口味之精粹，丰富多彩，蔚为大观，在食材上选用山八珍、海八珍、禽八珍、草八珍等名贵食材，在烹饪技法上选用满族的烧烤和汉族的炖、焖、炒、煮、炸等精粹技艺。完整的满汉全席有一百三十四道热菜、四十八道冷荤及各种点心、果品，分四至六餐食完。

这里面的每一道菜都费时费工，非常讲究，如宫廷四喜饺要

溥杰题写的“满汉全席”匾额（高琪提供）

选用面粉中的“澄面”制作。四喜饺分红、绿、黄、白四色，故名“四喜”，寓意喜庆、吉祥、如意、美好。这道菜制作起来工序复杂，一桌寿宴所需的四喜饺，通常要烹制一个多小时。

这样的大餐太奢侈了，普通顾客不敢问津。2005年，仿膳饭庄推出了“满汉全席精选菜单”，使宾客吃一餐就可领略满汉全席的精美特色。近年来，仿膳饭庄又挖掘恢复了不少当年的宫廷美食，已成为北京菜一道独特的风景。

第三辑

中轴线北段

满汉全席　杨信绘

东兴楼

这里不仅有招牌名菜，还有名人趣闻逸事佐餐

第一次听说东兴楼这个名字，是多年前看梁实秋的《雅舍谈吃》，里面有一篇《芙蓉鸡片》就是专门写东兴楼的，他用了不少笔墨："芙蓉大概是蛋白的意思，原因不明，'芙蓉虾仁''芙蓉干贝''芙蓉青蛤'皆曰'芙蓉'，料想是忌讳'蛋'字。取鸡胸肉，细切细斩，使成泥。然后以蛋白搅和之，搅到融和成为一体，略无渣滓，入温油锅中摊成一片片状。片要大而薄，薄而不碎，熟而不焦。起锅时加嫩豆苗数茎，取其翠绿之色以为点缀。如洒上数滴鸡油，亦甚佳妙。"

我从此对这道菜心向往之，后来终于在东兴楼吃到，雪白的颜色煞是好看，吃进嘴里，鸡肉泥与蛋白交融，非常嫩滑，确实没有辜负梁实秋这位民国最著名美食家的夸赞。

东兴楼旧照

名人和东兴楼的趣闻逸事

东兴楼作为京城数一数二的饭庄，在民国文人的文章和日记中留下过不少趣闻逸事。名人名店交相辉映，勾勒出那个时代的一场繁华旧梦。

东兴楼开业于清光绪二十八年（1902），两位财大气粗的股东出资三万两银子在东安门大街开了这家饭庄。这里西临东华门、南池子、北池子，东临王府井，虽地处繁华的商业区，却又相当安静，是京城难得的经营饭庄的宝地。东兴楼请了精明强干、经营有方的安树塘做领东（总经理），因此生意兴隆，每年盈余四五万两白银。上流社会办事请客，都以能在东兴楼请客为荣。因此，东兴楼被列为“八大楼”之首。

末代皇帝溥仪和东兴楼亦有交集。他在《我的前半生》里提到一桩趣事：当时溥仪寝宫刚装上电话，这可是个新鲜玩意儿，就四处乱打取乐，“我又给东兴楼饭庄打电话，冒充一个什么住宅，叫他们送一桌上等酒席”。这个皇帝也真够皮的！读到这儿，请默默同情东兴楼十秒钟，也不知道那桌酒席后来给送哪儿去了。不过后来溥仪和皇后婉容大婚的婚宴据说还是交给东兴楼打理的。

鲁迅作为地道美食家，当然不可能放过东兴楼。由于他工作在西城，东城饭庄去得比较少，不过据《鲁迅日记》中记录的，鲁迅和胡适在东边有过两次饭局，都是在东兴楼。一次是胡适请鲁迅，另一次是郁达夫请鲁迅和胡适。1932 年 2 月 27 日《鲁迅日记》：“午后胡适之至部，晚同至东安市场一行，又往东兴楼应郁达夫招饮，酒半即归。”看来这次吃得不太高兴，或许为周胡二人纷争的开端之一。

梁实秋在东兴楼还留下了一段讨价还价的趣事。1926 年夏天，时昭瀛（民国时期外交家，当时正在哈佛大学研究院读书）从美国归来，在东兴楼宴请同学吴文藻、谢冰心、瞿菊农、谢奋程、孙国华、梁实秋等人。时昭瀛委托梁实秋经办，指定要三十元一桌的酒席。订餐时，东兴楼的伙计说：“十六元的燕翅席已经足够吃了，何必多花钱？”梁实秋不听，执意要给三十元。开筵之时，满桌菜品“丰美自不待言”。最让梁实秋满意的是东兴楼珍藏的十年花雕，坛盖一打开，一股醇香就飘溢出来，斟在大口浅底的细瓷酒碗里，酒香更浓，醇香扑鼻，“生平品酒此为第一”。更令他赞赏的是，“其开价并不特昂，专为留待嘉宾。当年北京大馆风范如此”。

那些令人难忘的招牌名菜

梁实秋对东兴楼可谓感情深厚，他曾这样评价："东兴楼的菜以精致著名，调货好，选材精，规规矩矩。炸胗一定去里儿，爆肚儿一定去草芽子。"这是内行人说的内行话。

美食家唐鲁孙也爱东兴楼，他写道："先拿他家'烩鸭条鸭腰加糟'来说吧，那是所有北平山东馆谁也比不了的，不但鸭条选料精，就是鸭腰也都大小均匀；最要紧配料是香糟。东兴楼熘菜烩菜所用的白糟，都是东三和的老糟，所以有一种温淳浥浥的酒香。……至于乌鱼蛋实际就是乌龟子，叫乌鱼蛋比较好听，每个大约拇指大小，要收拾得越薄越好，下水一汆就吃，既鲜且嫩。"

溥杰和启功最喜欢吃东兴楼的香糟鱼片、糟熘三白和酱爆鸡丁等。别的不说，单说这酱爆鸡丁，看上去平平无奇，但味道令人惊艳，据说东兴楼的大厨有着特别的秘制酱汁，里面加了陈年花雕酒，吃起来咸甜嫩滑，酱香浓郁。

当年北平的大馆子，要经得起"吃家"的挑剔。这些"吃家"专吃饭庄酒楼，却并不是来讹诈什么的，而是专门考量酒楼的饭菜和服务是否到家。每每有新店开业，他们必会到场。坐定之后，他们不吃山珍海味，也不点时令鲜蔬，专点一份烧茄子。烧茄子看似简单，实际上是一道最见功夫的菜品，火候得掌握得恰到好处，稍微过火，一准儿得焦煳成了"包公脸"。据说"吃家"也曾光顾东兴楼。东兴楼做烧茄子自有一套，一般都只烧成八分熟，起锅的瞬间熟上半分，上桌时趁热又熟上半分，在客人互相搛菜时又熟上一分，入口时正好十分熟，连"吃家"都无法挑剔。

重新开张的东兴楼

三十多年后老味道的回归

民国年间，东兴楼兴盛一时，可谓烈火烹油，无人能及。然而好景不长，总经理安树塘去世后，他的儿子安跃东接管东兴楼。这是位游手好闲的少爷，哪里懂得什么经营管理？盲目扩张，大肆挥霍，没几年东兴楼的生意就衰败下来。1944 年，东兴楼难以为继，只好关门停业。

1982 年，销声匿迹了三十多年的东兴楼在东直门内大街新址重张开业，几十种原汁原味的山东风味菜肴端上了餐桌，老味道又回来了。溥杰先生来到东兴楼品尝菜肴后，高兴地说：“菜还是东兴楼的味道，服务也是过去的样式。”并挥笔写下“溯忆童龄逾大衍，欣开重建东兴楼。百废俱兴赓故业，重得名庖理馔馐……”百字长诗，留下墨宝，挂于店堂中央。

东兴楼的名菜并非都是高档菜肴，不少普通山东风味菜肴，很受老北京喜欢。除了品尝芙蓉鸡片，我还对一些菜印象颇深。比如干煸肉条这道菜，其用料很一般，一块皮薄的五花肉，经煮熟、烧煸、收汁做成，红润油亮，鲜香味浓，肥而不腻。据说这道菜好吃的诀窍是费火费时，味道全在功夫里。目前北京的鲁菜馆中，只有东兴楼还保留着这道菜。

东兴楼的丸子也很惊艳。焦熘丸子肉香里面带着酱香，丸子外面的酱汁儿，没有把丸子皮的焦脆冲淡，口感也就是准确的外酥内软！干炸小丸子也很地道，颜色金黄诱人，夹起一颗放到口中，只听得“咔嚓”一声，外皮的焦脆与内里的香嫩形成鲜明的味觉撞击，让人停不下口。

爆三样儿也是一道著名的传统鲁菜，最检验饭馆功力。“三样儿”是指猪瘦肉、腰花、肝尖。爆菜讲究的是火候，上百年间东兴楼的爆三样儿使用原料都坚持一个标准，非鲜肝不用，非里脊肉不浆，五六道工序清洗加工的净肠净肚，“碰汁”调味后，肝的脆嫩、肉的滑润、肚的香糯相得益彰。食之口感层次丰富，酱香出头，淡甜收口，里味鲜香，浓淡适宜，确实名不虚传。

转眼两个甲子匆匆逝去，那些民国作家笔下的美食，以及那些和美食有关的逸闻趣事，都融进了古都源远流长的文化中！

富华斋饽饽

一道点心的坚持与执着，寻回失去的北京味道

“御膳中的重阳节花糕有九层，每层馅料都不同。花糕需分层制作，每层先是用不同的馅料包成酥皮，酥皮之间均铺设果料，最上层用各色果脯和果料码出吉祥图案，如步步登高、人寿年丰、吉祥如意等，使花糕总体五颜六色、锦绣铺装……”

听王希富老先生讲花糕，真是令人神往。江湖传闻，王老手中有一本几代家传的“美食秘籍”。正是靠着这本“秘籍”，如今一些已经失传很久、无法寻觅的京味儿点心才又重回世间。这事听来颇为传奇。笔者带着这些疑问，来到护国寺街上的这间饽饽铺，拜访了王希富先生。

名厨家族传下“美食秘籍”

深秋的北京阳光正好，坐在窗边，几样各色饽饽，一壶茉莉香

北京饽饽

茗，听王老讲述百年间的家族传奇和勤行往事，那些流云散雾，笼罩在美食的色香中，显得格外温暖。

王老的外祖父陈光寿是宫中御膳房的厨师，父亲是致美楼名厨，两家的联姻也造就了一个京城令人瞩目的名厨家族：“我外祖父是御厨，我父亲、两个哥哥、九个舅舅，还有几位舅爷，全都是当年京城‘八大楼’的名厨。”

“听说您家有本‘美食秘籍’，是真的吗？”我终于忍不住问。“是有这么一本东西。”王老给了个肯定的答复。它是王家的传家宝，是一个已经泛黄的旧折子，上面留有陈、王两家几代名厨的“从业记录”。这简直就像武侠小说里众人争夺的武功秘籍啊！王老似乎看穿了我的心思，微笑着说了一句让我吃惊的话：“武侠小说那都是骗人的，一本武功秘籍不可能称霸江湖，如果说凭这个折子就能恢复失传的名菜名点，那可就是大错特错了！”

从小吃惯了家人做的美味点心，王老对北京饽饽有种难舍的情结，可是让他糟心的是，如今市面上的点心，无论是材料还是工艺，已经无法和早年间相比。王老觉得很惋惜，他想在北京重新复原御膳点心的老味道，于是便献出了珍贵的“传家宝”。“您猜怎么着，那折子上面列了几百种点心的名字，可是多数并没有讲配方。”

王希富先生和徒弟陈六梅

要想恢复当年的知名饽饽，不是仅听说个名称便可制作恢复的。其中的原材料品质、配比、制作程序、手法刀法、力度大小、加料次数、温度调控、火候大小等诸多因素达十几种甚至几十种，须多种条件控制才能齐活。于是，王老天天泡在了厨房里，根据儿时记忆中的味道反复配比，碰了钉子就请教年迈的兄长，还经常向家里其他老人请教。这一钻研，就是十多年。

一道点心的坚持与执着

王老恢复传统点心碰到的第一个大难题就是，好的原材料已经很难找到，比如做点心最常用到的香油。“做传统点心需要的香油纯度很高，如今商场超市卖的几乎没有纯的，而且是生芝麻压榨的，工序比较简单，但是做出点心没有香味儿。我们需要的是古法手工制作的小磨香油，炒熟芝麻之后用大石锤砸，榨出的香油香飘十里，但是工序多、成本高，已经很少有人这么做了。”

王老和徒弟们为了寻找小磨香油，到一些偏远的山区古村，专门找用古法做香油的小作坊。功夫不负有心人，最后还真找到了，亲自看过，亲口尝过，王老终于放了心，就从这个作坊专门订货。

玫瑰饼是一道流传比较广泛的宫廷面点。玫瑰饼重点在玫瑰馅，现在很多餐厅在制作玫瑰馅时很多都是以少量玫瑰花丝提香，以大量熟炒面混合白糖和香料和馅，如此出品的玫瑰饼虽香气浓，但口

王希富先生在向后辈传授糕点制作技巧

感干涩，无回味。王老是以纯玫瑰丝和馅，且这玫瑰是每年 5、6 月自然花期时，王老亲自带人从百花山采购而来，朵朵娇艳欲滴。品质极佳的玫瑰混合白糖及秘料，在瓶中密封腌制数个月，然后再包裹在油酥皮内以温火烤十分钟左右，才能成就玫瑰饼外酥内香的完美口感。

炸虎皮饼这道御膳面点的材料更是讲究，现在在市面上已经很少见了。“炸虎皮饼，首先在选料上就不能‘偷懒’，必须是长白山的鹿肉，用刀先切片然后切碎，耐心剁成肉泥，绝对不能用绞肉机去绞，否则会影响质感。然后加上点水、面粉均匀上劲，再以这鹿肉泥做皮、鹿肉冻为馅制成饼状，下锅炸，注意，一定是热锅凉油，这样炸鹿肉泥皮才不会散。”

恢复传统御点八珍糕让王老费尽了心思。它由茯苓、芡实、莲子、苡仁、山药、扁豆、麦芽、藕粉各二两，共研细粉，加白糖七两，用水调和后做成糕点，没想到按照配方做成后却很牙碜。牙碜感源自八珍糕里一味最重要的原料——茯苓，它的表面有极难去除的沙子。“过去给老佛爷做八珍糕，这茯苓是人工一点一点地挑去沙子的，现在是绝对没有人有时间这么去做。现在我用的方法是沉淀法，也就是用一百二十目筛去筛茯苓粉，去除绝大多数的大粒沙子；然后用比重法，即在大桶中飞速旋转过筛后的茯苓粉，然后突然静止，沙子比重大会先落下；最后再加水沉淀三至五天，下层的茯苓白浆就可以拿去制作八珍糕了。”这么漫长的过程仅仅只为了其中一款原料，王老却固执地坚持着，“虽然不能百分百恢复原味，但毕竟我尽力了”。

计划着怎么也得恢复一百种

十多年的苦心钻研，苏子茶食、瓜仁松油饼、炸三角等老北京饽饽被一一复原，杏仁豆腐、果子干、奶酪果子冰等老味道也被一一寻回。但是王老并不满足，“几百道点心，我这才恢复了二三十种，这才哪儿到哪儿啊，我计划着怎么也得恢复一百种！”

王老坚持所有点心都按照古方，用传统方法手工制作：芸豆卷里的芸豆，得先泡再煮然后去皮最后蒸，经过细筛碾三遍以上；推油酥面，要不厌其烦地将面里的颗粒细细推开；最经典的豌豆糕，上面铺的柿饼条不能太甜，中间夹着青丝红丝的果料口感清凉，糕体也加入了豌豆粒提升香味；孙泥额芬白糕是一道几近失

孙泥额芬白糕

梅干菜月饼

传的满式糕点，奶香和甜度要恰到好处，表面用山楂和青梅点缀成小花。

铺子里的每道点心都必须经过王老的终极评测，不少点心在后厨翻来覆去改了几百次，几个月后才能最终写进菜单。“这道梅干菜月饼已经反复做了三个月了。”掌管饽饽铺的徒弟陈六梅忐忑地拿着月饼找师父测评，“哪怕只有一丁点儿瑕疵，都会被‘一票否决’”。终于，这回王老露出了满意的笑容：“馅料里有梅干菜、肉还有笋，每一种食材的味儿都不太冲，明天可以上菜单了！”

果子干是京城夏季常见的碗装零食，如今庙会上偶有售卖也是用果脯为原料，靠糖和香精提味，乏善可陈。王老恢复了这道京城名小吃本来的风采，最讲究的还是用料。杏干要用“八达杏”大白杏或“关公脸”大红杏所制的杏干，柿饼则以磨盘柿所制之柿饼为好。将杏干清洗干净，入锅加水烧开后即关火浸泡；柿饼用手撕开，入锅加水烧至刚开即关火，泡至柿饼柔软，流出滑润的汤汁；将制好的杏干加入柿饼汤汁中，加白糖、桂花和煮熟的果藕片，装在精致的小碗中，尝一口酸甜爽口，清香沁人心脾。

北京人大多只知道豌豆黄，却不知还有一种更好吃的豌豆糕，如今也在王老的手下重见天日。“豌豆熬制时要去皮，保留了部分软面的豌豆颗粒，整体硬度也比豌豆黄硬，更有嚼头，口感更好；然后再分层制作，每层都铺放口味浓重、色彩斑斓的果料，上层

豌豆糕

压上去皮切条的柿饼肉。”王老介绍说。这道小吃做工复杂精细，看起来锦绣装扮，色若黄金，吃起来既有嚼头又绵软香甜，让人停不下口。

王老遵循着古法手工的老规矩，如今看来有些已经繁复到不可思议。例如一种失传的名叫七星点子的点心，做的时候要把一块面揉千多下，最后反复叠出上万层，这样的功夫如今有谁下得？一款经典的传统面点，在制作时往往是极其复杂的，可在出品外形上却看不出优劣区别，只有懂行的人细品才能辨别。然而这细微的差别，背后却是巨大的付出。这种对工艺的精益求精，不计成本也要事情做到完美，正是老一辈手艺人的人生态度，也是传统勤行恪守的老规矩。

王老在饽饽铺挂的一幅《中秋夜宴图》上，题写了一首自己创作的《鹧鸪天》，其中的下阕是：“西风冷，子夜中。何人寂寞听落英。烤罢千斤玫瑰饼，送入家家绝有情。”我想，这正是他对自己心境的描述吧。固执地追寻往昔美食的味道，在孤独寂寞中坚守，传承的不仅是点心，更是一种生活态度。

马凯餐厅

重回什刹海后门桥边，北京人心里的经典湘味

2018年，马凯餐厅回到什刹海后门桥边重新开张了。在京城吃货心中，这可算是一件大事，纷纷赶去品尝，回味经典湘味，一时宾客盈门，等座的排起长队，可见马凯餐厅在北京人心中的地位。

去马凯的时候，我发现就餐的人普遍年纪较大一些，即使有年轻人，也多是陪家里的长辈来吃饭的。我就想起一位朋友的话：马凯餐厅是她父母那一辈人心里的一个念想，“做菜特别好吃，谁家要是结婚去马凯餐厅摆酒，倍儿有面儿！”

招牌菜还是那个味儿

“老字号”马凯餐厅在什刹海重新开张营业后，好些老顾客就是

东安子鸡

冲着那些经典名菜去的。尤其是豆豉辣椒蒸活鱼、船拐子肉、酸辣鱿鱼片等一度从菜单上消失的老马凯经典菜又回来了，勾起了很多人的美食情怀。

我是跟着几位住在后海边的老人一起去马凯吃饭的，感觉他们吃的不是饭菜，而是回忆，一边品美味，一边聊典故，真是文化佐餐，有情有趣。

很多人都知道，来马凯必点东安子鸡，这是湘菜中的经典，流传了一千多年的美食。相传在唐开元年间，就开始烹制东安子鸡。清末民初，此菜被引入长沙，之后逐渐成为酒宴名肴，湖湘各地菜馆纷纷效法烹制。1972 年美国总统尼克松访华，毛泽东主席就曾用东安子鸡宴请宾客。马凯的这道东安子鸡吃到口中，最突出的感受就是鸡肉香嫩，酸辣爽口。马凯餐厅第四代传承人、地安门店经理

毛氏红烧肉

吕永杰说:“别看这道菜好像简单，想要做得好却是需要一些功底的，厨艺怎么样，做道东安子鸡就知道了！”

至于多年不见的船拐子肉，估计好些人都没听说过，端上桌也不是特别起眼，然而一尝确实味道不俗，它看上去有点像精制版的回锅肉。一位老人告诉我，这道菜做起来可比回锅肉复杂多了，是半炒半炖。它原本是一道船菜，相传是湘江边上的船老大在船上吃的，是船菜里的“当家花旦”。旧时船家多为穷苦人，所以这道菜也很质朴，食材普通，全靠手艺。那厚皮肥瘦的鲜香、浓油赤酱的诱惑、豆豉蒜香的刺激、鲜黄冬笋的脆嫩、青绿蒜苗的清香，一下子就能让人胃口大开，真是太下饭了。

双味鳜鱼

而另一道重回菜谱的招牌菜豆豉辣椒蒸活鱼，也是正宗的湘菜。得先用湖南浏阳豆豉、干辣椒、肥肉丝、香菇丝、火腿丝、冬笋丝，加盐，加鸡汁，用葱姜蒜炒了，然后把料铺在腌好的鱼身上，再上锅蒸，特别费时费事，厨艺全在功夫里。

还有大名鼎鼎的毛氏红烧肉，这种简单粗暴的美味是多少老饕的至爱，然而现代人多因健康原因不敢多吃。马凯很贴心，用小碗盛一人一份，碗里就一块肉。这块肉极美，层次分明，入口一层脂肪一层瘦肉，还佐以小碗米饭和碧绿鲜嫩的芦笋，真是余香满口，回味无穷，恰到好处，绝无饱腻之感，隐隐有点没吃够，留一点念想儿惦记着下回再来。

双味鳜鱼几乎每桌都会点，一端上来就惊呆了，我们点的最小份的鱼，还有这么足的量，看着都够气派！一鱼两吃，清蒸鳜鱼和松鼠鳜鱼各占一边，颜色对比很强烈，一边清鲜软嫩，一边焦脆酸甜，寓意好事成双。重口味的松鼠鳜鱼，酸酸甜甜，超级开胃。旁边还配了薯条，蘸一点鱼旁边的酱，味道不比洋快餐店差！另一边的清蒸鳜鱼就更适合口味清淡的“胖友”，鱼肉的鲜香细嫩让人回味无穷。两种口味，浓淡相宜，这才是吃鱼最舒服的方式。

马凯还有很多菜都让人记忆深刻。酸辣肚尖一上桌以为是腰花，吃到口中才感觉味道完全不同，极为爽脆。这道菜刀工精美，

酸辣肚尖

选料极是讲究，取的是猪肚上最嫩的部位。这一道菜要用四头猪的猪肚才能做出来。还有，马凯腊肉菜也令人难忘。腊肉是店里自己制作的，风味独特，越嚼越香，和萝卜干是绝配！

为什么起了这么洋气的名字

前文提到，马凯除了美食，还承载着老一辈人的回忆。它曾经在北京有多火呢？马凯餐厅创建于 1953 年，当时有十三名湖南同乡集资，盘下了地安门外后门桥路西的一家冷饮店，改建成一座经营湖南风味菜肴的餐馆。

至于一家传统老字号为何会叫“马凯”这个透着洋味儿的名字，现任餐厅经理吕永杰解释说，六十多年前盘下的那家冷饮店，就叫马凯冷饮店。相传，店主人是因为有相熟的外国朋友叫马凯，或者是被一名叫马凯的外国朋友资助开的店，所以才取店名为“马凯”。但确切什么来由，现在已无法考证。总之，1953 年改成湘菜馆后，就一直沿用“马凯”这个店名，并保留至今。

马凯餐厅 1953 年开张时，是梅兰芳先生给剪的彩。在餐厅工作过的老职工回忆，齐白石、溥杰、田汉、董寿平、启功等社会名人都曾是马凯餐厅的座上宾。京剧大师梅葆玖对餐厅的酸辣系列菜品情有独钟，每次用餐后还要打包豆豉辣椒带走。另一位京剧大师张君秋先生每次用餐必点一道软炸里脊。溥杰还为马凯题诗：“地安桥畔鼓楼前，妙手当炉焕盛筵。红宇更添湘馔彩，马龙车水客流涎。”著名文化学者张中行也极喜马凯这一口，

马凯餐厅外景

他到马凯饮宴之余，曾提议说：合该编一本“马凯餐厅名菜谱”吧！在座的记者、编辑闻言响应，翌年便推出了由北京出版社出版的《马凯餐厅菜谱》。

作为北京最早的湘菜馆之一，马凯餐厅曾经红极一时。“最火的就是1985—2000年那段时间，每天大堂里的人都满满登登。”吕永杰说。20世纪八九十年代，他是餐厅里的一名厨师，“上午十点半开始炒菜，一直到下午两点半，跟前儿案板上堆着的各种切菜足有半尺高，我们一个厨子都得盯三四口锅，忙得头都抬不起来”。

1999年，扩大经营的马凯餐厅在长椿街开办了一家分店。但转脸儿到了2004年，位于地安门外的总店却面临着关张的命运。当时是修地铁 8 号线，正好在马凯餐厅底下穿过。为了配合地铁修建和道路拓宽工程，马凯老店于 2004 年拆除。

外卖窗口的家常味道最贴心

马凯这一走，就是十三年。2017 年吕永杰接到通知，说老店可以在地安门外重新营业，他还不太相信。这个自打十七岁就进店的马凯老人儿，激动得眼泪都掉了下来。“多少老职工都盼着，我师爷郭锡桐是马凯餐厅湘菜制作技艺的第二代传人，老人家四五年前去世的时候，还惦记着老店回迁的事。”

重张后的马凯餐厅，又恢复了往日的盛况。不过也有朋友跟我

麻酱糖饼

说，马凯吃一顿可不便宜。确实，从20世纪50年代起，马凯就是京城响当当的高档饭馆，名流云集的地方，价钱和品质都并非一般饭馆可比。不过，马凯也有很平民化的美食，比如外卖窗口，我是每次路过都一定要买一大兜的。

马凯的外卖窗口食品种类不少，往往也是排长队，不花个上百块似乎觉得对不起等这么长时间，所以基本都是拎一大包走人。我最爱的是肉末烧饼，非常好吃。这肉末烧饼之所以好吃，据说是生肉末调好调料包在火烧里去烤，不是烙好芝麻烧饼再打开夹肉末；再就是烧饼面皮的处理，做油酥的时候加了很好的猪板油，所以皮酥极了。要是用塑料袋打包回家，到家酥皮都蹭得七零八落了，最好是在买的时候请店家装盒。

外卖还有一样每次必买，那就是北京人最爱的麻酱糖饼了，麻酱味道浓郁，不是很甜，多吃也不会齁着，芝麻酱控们还可以找到有很多很多麻酱的麻酱糖花卷……这些都好吃不贵，路过买点，不用大餐伺候，也足以大快朵颐。

这家什刹海边的老字号，既豪横，又平民，可上可下，可甜可咸，确实有令人惦记的魅力！

同和居

它是“八大居”之首，鲁迅为什么最爱吃这道菜

盛夏时节，和友人来到什刹海荷花市场附近的同和居。古色古香的中式门楼配上门外的荷花千顷，真是一幅京华盛景！这座拥有近二百年历史的北京老字号有一道名菜，曾经是鲁迅的最爱，我们就是奔着它来的。这是一道什么菜呢？

食材这么简单，为什么大家都爱它

在大家期待的目光下，同和居这道名菜终于上桌了。只见一个白色的精美大瓷盘里盛着的食品通体金黄，有点像圆形的年糕，真如凝脂一般简洁而漂亮。它入口绵软，不嚼即化，说是蛋羹却比蛋羹香甜，说是年糕却没有年糕那么黏，说是冰激凌却又别有一种温润的口感，确实很奇妙。

三不粘

这就是同和居的名菜三不粘！我最早听说它的名号是因为鲁迅。鲁迅先生是一位“横眉冷对千夫指”的革命斗士，然而近些年他的另一面逐渐浮出水面。有人在他的日记中发现了端倪，里面竟然记录了他到北京一百多家饭馆吃饭的经历，实实在在是一位民国美食家。在这些美食记录中，他对三不粘这道菜赞不绝口。

听店家介绍，三不粘其实所用食材非常简单，主料就是蛋黄。厨师将水、鸡蛋黄、白糖、绿豆粉，按一定比例放入容器，搅拌后置入加油热炒锅中炒制，边炒，边搅，边放入油，需要经过三四百次搅炒，要手不离锅、勺不离火，炒至蛋黄、水、糖、绿豆粉融为一体，状如凝脂，色泽金黄，形如满月，味香扑鼻，出勺即成。吃时一不粘盘，二不粘匙，三不粘牙，这就是这道菜为什么叫作三不粘的缘故。

听听这个制作过程，就知道有多费劲了。最简单的食材为什么能做出这么丰富的口感？全靠厨师搅炒的功夫和手艺，一道菜的匠心传承都在里边。更确切地说，它是一道甜品。为什么鲁迅青睐这道菜？可能和他特别爱吃糖和点心等各种甜食有关。据记载，鲁迅喜欢吃柿饼，晚上加餐通常是奶油蛋糕。

还有一种说法，鲁迅爱吃三不粘与他爱喝酒有关系，据说此菜可以解酒。鲁迅属于每顿饭必喝酒的人。史料记载，他和郁达夫喝酒的次数最多。鲁迅酒量不大，经常喝得酩酊大醉，而且在喝酒的过程中烟不离手。郁达夫 1933 年曾作诗赠予鲁迅，其中写道："醉眼朦胧上酒楼，彷徨呐喊两悠悠。"

这道三不粘不仅仅为鲁迅青睐，它还有宴会"甜菜之王"的美称，国外的朋友也很喜欢。日本天皇曾多次派专机来人把三不粘运抵东瀛上御宴。日本前首相海部俊树、日本国际指挥大师小泽征尔都曾多次到同和居品尝三不粘等名菜。前澳门行政长官何厚铧来京也会特地到同和居品尝它，赞不绝口。

一个小饭馆的逆袭之路

同和居创建于清道光二年（1822），但直到民国初年，它还是一个小饭馆。它是如何在十多年的时间里走上逆袭之路，成为京城"八大居"之首的？这堪称一段京城餐饮业的传奇。

据说最初是清室的一位皇亲，为在宫外有个吃喝玩乐的方便去处，邀来几个人开办了个饭馆，即同和居的前身。饭馆起初生意一般，后来机缘巧合，深得一位王爷的欢心，生意有了转机。小饭馆就以会友之名招揽客人，取“同怀和悦”之意，定名为“同和居”。不过同和居的生意虽然稳定了，却也无甚大名气，直到民国初年还远未能跻身京城名馆。

同和居传到牟文卿掌柜这一辈时，才声名大噪。他头脑新、善交际，结交了一个至关重要的人物，就是原来在清宫御膳房当差的大厨袁祥福。1912 年解职回家的袁师傅经常到同和居吃饭，熟识了牟掌柜。牟掌柜三顾茅庐，恳切地请他来同和居帮忙。袁师傅最终被感动，把自己在御膳房所学的本事全部都施展了出来。此后，同和居越来越火。

1939 年发生了一件事。京城另一家著名菜馆广和居停业，头厨、

溥杰题字的同和居牌匾

二厨等大部分厨师来到同和居。同和居实力大增，名气越来越大，终于成为旧京城著名的“八大居”饭馆之首。也正是因为这些名厨的加入，广和居的不少名菜也被带到了同和居，经营的菜点更丰富多彩，最盛时期能做四五百种菜，这其中就有著名的潘鱼。

潘鱼在北京历史上曾与任菜、江豆腐齐名，相传它是晚清名流潘炳年创制的。潘氏向喜美食，是广和居的老主顾。一日，潘氏突发奇想，认为“鲜”字为鱼、羊两字之合，如若以煮羊肉之汤烧鱼，其味道必大鲜而特鲜，遂将此意告知餐馆主人，让他试试这羊羹烹鱼之法。店家按此法制成后，果然效果颇佳，所烹鱼品味极醇厚，鲜美异常，于是将之命名为“潘鱼”。同和居把这道菜引进，数十年之后，潘鱼的制作也越来越精美。今天，这道菜做成之后的特点又被总结为“滴油不沾，鱼整汤清，吃到嘴里清淡鲜美、软嫩无比”。

名震京城的同和居“三绝”是什么

同和居从清道光年间创店以来，便一直在西四南大街3号的一个四合院里。院中有座二层小楼。唐鲁孙文中曾提到，慈禧皇太后驾幸颐和园避暑，凤辇经过阜成门大街西去，在小楼的一角可以正好看那些绫罗伞盖的皇家队伍个正着！于是只要太后去西山避暑，同和居楼上的雅座必定被预订一空。

20世纪90年代之后，同和居几经搬迁后到了如今什刹海畔的荷花市场。此处风景绝佳，也算天时地利人和。尽管地址一变再变，

糟熘三白

不变的是“末代亲王”溥杰的店名题字，以及一脉相承的地道福山风味。走进同和居，会发现在座的顾客以白发苍苍的上寿老人为主。可想而知，一者这儿寄托了一代人对旧时光的追忆，二者这儿的菜品都是最传统的老味道。

来之前我还听说同和居有名震京城的“三绝”，它们到底是什么呢？店家介绍，除了刚才说过的三不粘，另外两个分别是烤馒头和糟熘。我们哪有不品尝的道理？

“糟熘”是鲁菜福山派在烹调时的最大特色之一，几乎可用于任何风味较为清淡的食材。糟熘鱼片自然是扛鼎之作，糟熘虾仁、糟熘鸡片亦各有特色，糟熘三白（鱼片、鸡片、玉兰片）最上台面。我们点了糟熘三白，此菜用鱼片、鸡片、玉兰片等食材入锅滑炒，加入糟卤、高汤、盐、糖等调味料烧煮，勾上玻璃芡、淋层薄油便可出锅。糟卤的香气淡雅，因此通常佐的也是清鲜脆嫩为主的食材，于是火候显得尤为重要，肉质老了便前功尽弃。厨师须在短时间内完成熘炒、调味、勾芡的步骤，可谓分秒必争，却又不可一味贪快而欠了火候，难度正在于此。

端上桌的糟熘三白堪称色香味俱全，鱼肉、鸡肉和笋的鲜香，在淡雅微甜的酒糟香气调和下，显得温婉清丽，配着甜甜的糟卤，别具风味。白色的餐盘里，菜品晶莹漂亮，真真是彻头彻尾的“阳春白雪”。

而同和居的烤馒头则非常平民，是外卖窗口最抢手的主食。个头硕大的馒头烘烤至色泽金黄，并贴心地一切为四，吃来香脆酥松，由于以麦糟发面所以风味格外香甜。据说，每年春节之前，一天能卖出三千多个烤馒头，供不应求。

品完美食，不由得感慨，“八大居”作为老北京餐饮业的扛把子，经历多年战乱，到新中国成立初已经相当零落，只剩下同和居和砂锅居两家，此后方才浴火重生。今天我们还有口福享用这些流传数百年的名菜，也是幸运。

烤肉季

什刹海边钟鼓楼前，北京人的“武吃”就是这么带劲儿

吃货们都知道，秋风一起，北京四九城“炮烤涮”的招牌就都满街挂出来了，“贴秋膘”走起。这一贴就到来年春天了，并美其名曰：“天冷得补。”

到了寒风刺骨的隆冬季节，围着炉子吃烤肉，那才真是人生一大乐事。大雪节气刚过，我们一众吃货朋友来到什刹海边。冬天的后海，在晴天朗日下美如晶莹透彻的碧玉，然而我们不是来看景的，而是奔着银锭桥边的美味烤肉来的。“银锭桥观山一景，烤肉季烤肉一绝。”这便是中轴线上的百年老店烤肉季。

“武吃”就是这么带劲儿

汪曾祺在《贴秋膘》一文中写道：“北京人所谓‘贴秋膘’有特

烤肉季店面

殊的含义，即吃烤肉……北京烤肉是在‘炙子’上烤的。‘炙子’是一根一根铁条钉成的圆板，下面烧着大块的劈柴，松木或果木。羊肉切成薄片，由堂倌在大碗里拌好佐料——酱油、香油、料酒、大量的香菜，加一点水，交给顾客，由顾客用长筷子平铺在炙子上烤……”

在烤肉季，我们看到的正是这样的情景，即“武吃”。老北京烤肉分“文吃”和“武吃”两种:“文吃”是指烤肉师傅将肉烤好，端给顾客直接食用;“武吃”是自助，顾客自己边烤边吃。

烤肉季第八代非遗传承人马帅给我们示范了“武吃”的架势:全程围炉而立，一脚踩地，一脚踩在板凳上，肩上还要搭一条毛巾擦汗，左手烧饼，右手羊肉是绝佳搭配，边烤边大口吃肉。据说早年间，客人还会再来上几瓶“醉烧刀”白酒对嘴“吹”，那架势真有点“彪悍豪霸之气”。

这么大的炙子，一般顾客还真玩不转，所以为了安全起见，现在都是厨师负责烤肉。烤肉最难把握的是火候，这个得靠经验。炙子什么时候烧好、适合放上肉进行烤制，凭的是眼观手感：看缝隙里有微微的白烟冒出，且手在上空掠过感受到明显灼热，说明温度在一百摄氏度以上，正合适。烤肉过程中，要分别加入有提味解腻作用的葱段和香菜末。葱放太早会煳，放太晚不熟会辣，最好在肉中的汁剩余不多时加入。翻炒至肉汁快要收完时加入香菜末，香菜烤太久会变黄，不好看，要迅速翻炒均匀装盘。把肉烤熟简单，但达到要求的口感却需要长时间的实践积累。烤好的肉咸鲜、香嫩，颜色枣红，嫩绿的香菜和黄绿的葱段点缀其中，既好看又好吃。

马帅师傅告诉我们，根据烤制时间长短，肉可以分嫩、老、焦、煳。有人喜欢吃鲜嫩，我却觉得焦香别有风味，尤其是葱烤得微微发干的时候，有一道清真名菜炮煳就是这个意思。

看着烤肉在炙子上烤得嗞嗞作响，烟气缭绕，香味扑鼻，而窗外是北京冬季湛蓝的天色，和远处的钟鼓楼构成了最具古都韵味的风景。此时此刻，心中只有一句话，美食美景不可辜负！于是我们迫不及待地摆开“武吃”的架势，不顾形象，脚踩条凳，大快朵颐起来。

王爷也是烤肉季的铁杆粉丝

什刹海边的烤肉季，因独特的地理位置和独具风味的美味，百年来引得多少文人墨客驻足流连，写下了多少令人食指大动的美文！所以在烤肉季吃烤肉，不仅是味觉的享受，更是对旧京风景和文化的一种品味。

在烤肉季吃烤肉、观山、赏荷并称为“三绝”。品尝烤肉可同时领略“银锭观山”之美，是烤肉季特色之一。在银锭石桥边，晚霞辉映，湖平如镜，远眺落日余晖中的片片荷莲，一抹如黛的西山让人赏心悦目。有人曾吟诗赞道：“银锭品味烤肉时，数里红莲映碧池。好似天香楼上坐，酒阑人醉雨丝丝。”

据史料记载，烤肉季的开创者季德彩是直隶通州牛堡屯人，生于清道光年间。他在二十岁时推着独轮小车进城，到什刹海卖烤肉。后来他的儿子季宗斌长大成人，就将父亲的独轮小车接过来，继续营生。

由于季家父子卖的烤肉，肉切得薄，佐料齐全，顾客吃到口中，没有筋头巴脑嚼不烂的，而且味道香醇，用料实在，天长日久就有了“烤肉季”的名号。季德彩做生意时，有一条特别令顾客称道，就是做买卖憨厚，从不缺斤少两，真正的童叟无欺，等到了季宗斌，比其父还忠厚实在。

季氏父子凭着良心做生意，烤肉季的生意越做越大。尤其是附近恭王府、醇亲王府、庆王府和一些八旗子弟的光顾，更使这家烤肉店名气大涨。摄政王载沣是烤肉季的铁粉，经常把季宗斌找到王府里给他做烤肉吃。消息传出后，越来越多的人光顾烤肉季，就想尝尝王爷爱吃的烤肉是什么样，结果一试之下，从此成了回头客。

民国时期，任烤肉季新掌柜的季阁臣正式挂出“烤肉季”的招牌，并有了店铺，而且在选用肉、料和燃用柴料上，比过去更加考究。直

民国时期的烤肉季

到今天，烤肉季的招牌一直挂在后海边上，在原址未动，这在北京老字号中也是极为难得的，这道京城美味已和湖光山色融为一体。

羊肉怎样被烤成非遗

2008 年，北京烤肉制作技艺成为国家级非物质文化遗产。羊肉怎样被烤成了非物质文化遗产？这还真不是一件容易事儿。

烤肉季第八代传承人马帅从十六岁当学徒开始，生活就围绕着烤肉。最初来烤肉季时，马帅是从基本功——择香菜和葱开始的，随后练习笼火、架柴。这两项听起来基本的技艺，马帅就练习了两年。

每一道工序烤肉季都有一番讲究，首先选用的羊是来自张家口的黑头团尾绵羊，还有承德的长尾羊和大山羊。烤肉用的肉是羊的上脑和后腿儿。后腿儿又分三叉、黄瓜条、元宝肉、磨裆、腱子肉等。

烤前，加工肉是重要一环。首先要细选精剔，把筋膜、碎骨、肉枣剔除干净，然后用纱布包好，做成冻肉，才能切片。经理鲁建伟介绍说："切出来的肉 13~15 厘米长，0.03 厘米薄，举起来看要透亮，放在报纸上要能看到字儿。"肉片切好后，先放在用酱油、香油、虾油、料酒、盐、白糖、味精调好的汁儿内腌渍入味，然后才能放到炙子上烤。

翻炒烤肉

马帅练习两年切肉后，再学习烤肉，通过十几年的练习和实践，如今已是独当一面的烤肉大师傅，工作的时候范儿特别正。只见他端立在一个直径约四米的大炙子边，拿着铲子和烤肉季特有的“六道木”热火朝天地翻炒着。“看着好像随便翻几下，其实挺难的，怎么掌握火候，怎么翻肉，都有很多讲究。”

即使是烤肉的炙子和劈柴也都不简单。马帅告诉我们，炙子的铁条之间留小缝，下面的柴烟火气就可以从缝隙中透上来，不但整个炙子受火均匀，而且使烤着的肉带果木清香；上面的汤卤肉屑又可填入缝中，增加烤炙的焦香。

马帅在当学徒时经常仔细钻研火候的秘诀：“我们这种非物质文化遗产，很难用文字来表达和传承，很多时候还是要靠经验。”经理鲁建伟介绍说，餐饮界有一种说法叫“响堂哑灶”，后厨是很少说话的，全靠厨师之间的肢体和神情交流。

已经存在了一百七十多年的烤肉季，并不是一成不变的，比如以前酱汁是由烤肉师傅自己把握的，每个师傅烤出来的肉味道都不同。到了马帅这一代，为了适应现代饮食习惯，酱汁的配比开始标准化，所有厨师都用一样的酱汁，就不会再出现今天咸明天淡的情况了。

现在的烤肉季，雕梁画栋，红柱绿瓦配汉白玉栏杆。古色古香的建筑风格加上百年的历史积淀，已然成为什刹海旅游风景区的一张名片。在马帅的心里，烤肉季已不单单是一道风景、一道美食，它慢慢变成了老北京人的一种回忆和情怀。“有的顾客是当年父母带着他来吃烤肉，现在他带着孩子，反过来又带上年老的父母一块儿来烤肉季吃烤肉。”他自豪地说。

荷花市场

“河鲜儿”与“冰盘”，这里有老北京最惬意的夏天

一大碗冰，上面覆着张嫩荷叶，叶上托着鲜菱角，鲜核桃，鲜杏仁，鲜藕，与香瓜组成的香，鲜，清，冷的，酒菜儿。什刹海畔借着柳树支起的凉棚内，也可以爽适的吃半天茶，咂几块酸梅糕，或呷一碗八宝荷叶粥……

每次看到老舍先生的这段文字，都会觉得清凉舒爽。他描述的不仅仅是美食，更是老北京最惬意的夏天。能感受到这种风情的只有一个地方，便是什刹海边的荷花市场。

字里行间的荷花市场

如今，什刹海边写着“荷花市场”的牌楼高高矗立，上面是启

荷花市场牌楼（阎彤提供）

功先生写的字。走过牌楼，便看见一湖碧水，千顷荷花，景色美则美矣，却再没有了昔日杂耍场子与小吃摊并存，文人雅士与贩夫走卒同乐的热闹场景。荷花市场带着旧京的烟火气已经渐行渐远，成了只存在于文人墨客字里行间的一种怀想。

旧时的荷花市场，是老北京人心里最合心意的地方。清末文人沈太侔《春明采风志》记载："什刹海，地安门迤西，荷花最盛，六月间士女云集，皆在前海之北岸。同治间忽设茶棚，添各种玩意。"当时什刹海水面遍植荷花，岸边垂柳依河，景致绝佳，这个市场就以"荷花市场"为名了。

清末民初，荷花市场是个季节性的市场，大约每年五月端午之后开市，到七月十五盂兰盆会过后，随着天气转凉，就慢慢收市了。这里一年之中最热闹的时节在六、七月间，称得上是百货云集，百戏杂陈，还荟萃了所有的京味小吃，再加上从湖中采摘的莲蓬、菱角、嫩藕等应市，适合人们的多方需要，自然大受欢迎。从仕宦官家、文人雅士到布衣民女、平头百姓，都乐此不疲，流连忘返，其情景几乎比正月里逛厂甸还要热闹些。

用京城土话所编的《北京俗曲十二景》就专门对此唱道："六月三伏好热天，什刹海前正好赏莲。男男女女人不断，听完大鼓书，再听十不闲。逛河沿，果子摊全，西瓜香瓜杠口甜。冰镇的酸梅汤打冰乍。买了把子莲蓬，回转家园。"

文人雅士对荷花市场的描述是不吝笔墨的。北京民俗研究专家金受申先生在《北京通》一书中写荷花市场：

> 茶棚半岸半荷，架以木板的谓之"水座"，茶资较昂。此外有临时饭肆，炮烤涮摊、河鲜棚、冷食棚以至果摊、西瓜摊、豆汁灌肠，食物皆备。更以"八宝莲子粥"为应时小吃。

民俗兼红学专家邓云乡在《红楼识小录》里则对一样东西念念不忘："几十年前，什刹海、德胜门外鸡头池、菱角坑出产的菱角，并不是极小的，是比江南野菱、小红菱略大一些的两角小菱。生时绿中泛红，煮熟后褐色，吃起来十分鲜嫩。什刹海荷花市场和会贤堂饭庄卖冰碗和莲子粥，用的鲜菱角，都是这种菱角。"

旧时荷花市场的摊棚

最具特色的京城夏令小吃

荷花市场是北京人消暑的好地方，吃喝玩乐俱全，可如果单说美食，就必须说说茶棚。荷花市场的茶棚非常有名，一般都设在柳岸荷丛之间，用芦席架起一座座高于堤岸的棚榭。下面是坚木支架，插在河泥中，上铺木板，顶盖芦席，好像一座座傍水高台。高台边缘，伸向水面，俯视荷塘，均在眼底。这就是什刹海茶棚纳凉的“胜境”。

茶棚虽设备简陋，内部布置也还舒适，考究一点的，一律用藤椅，桌上铺白布。这种茶棚沿堤大小不下十处，座位常满，物美价廉，什刹海茶棚里最有名的吃食就是冰碗，又叫河鲜儿。

荷花市场里的时令河鲜最具特色。据住在什刹海边的老人回忆，当年郑记河鲜儿在地安门一带远近闻名。郑家经营的鲜菱角、老鸡头米、白花果藕除来自什刹海外，还从京西六郎庄河地进货，在荷花市场搭开席棚，名曰“藕局”。藕局的席棚里都摆着几个注满清水的大木槽，木槽中泡着酥甜汁多的果藕，槽边戳着一捆捆长梃儿的鲜莲蓬，莲子饱满。席棚前的大木案上铺着整块的桌布，搁着盛水的木浅儿，旁边的一个大青花瓷盘子里盛着果实丰盈的河鲜儿。

所谓河鲜儿，就是去皮剥好的鲜核桃仁儿、大扁杏仁儿、鲜菱角米、鲜鸡头米的四合一食品。游人至此，说一声：“掌柜的，来冰碗。”掌柜的高声应着，已经取出一个蓝花小碗儿，手脚麻利地在碗底垫上天然碎冰，再把河鲜儿盛在碗里，上撒白糖，插上小勺往前一递：“这位爷，您慢慢吃着。”这样令人望而生津的凉鲜美物，食罢顿觉神清气爽。

河鲜儿也叫冰碗或冰果，唐鲁孙晚年在台湾还追忆起什刹海边的这道美食："冰碗里除了鲜莲、鲜藕、鲜菱角、鲜鸡头米之外，还得配上鲜核桃仁、鲜杏仁、鲜榛子，最后配上几粒蜜饯温卜，底下用嫩荷叶一托，红是红，白是白，绿是绿。炎炎夏日，有这么一份冰碗来却暑消酒，的确令人心畅神怡，这种配合天时地利的时鲜，如果在台北大餐厅大饭店有售，价格一定高得惊人。"

老年人逛荷花市场则偏爱清凉的鲜莲子粥。鲜莲子粥用粳米熬成，放凉后盛在细瓷小碗中，上面放上煮得极烂的鲜莲子仁、绵白糖、青红丝，喝起来既解暑热还不伤脾胃。

荷花市场边的会贤堂饭庄还有一种奢华的冰盘，是为有钱人、阔太小姐来什刹海吃饭喝茶赏景准备的。著名文人沈尹默先生曾经作《减字木兰花》一首："会贤堂上，闲坐闲吟闲眺望。高柳低荷，解愠风来向晚多。　冰盘小饮，旧事逢君须记省。流水年光，莫道闲人有底忙。"

这首词的"冰盘小饮"，就是说会贤堂的镇店佳肴——消夏大冰盘。所谓"盘"，就是取自后海的大荷叶。用冰窖里存的天然冰敷于其上，中间放置白莲藕。此藕又称果藕，因其纤维少，水分大，特别脆。藕旁又码上西瓜瓤，一白一红，两果品相映成趣；周边还有竹叶青及羊角蜜两种香瓜，再将鲜核桃仁、鲜莲子、芡实、荸荠置于其上，然后撒上台湾绵白糖，放上杭州运来的鲜花，吃客手捧而食之。这样一份冰盘，价钱是大洋八角，在那时可谓价值不菲。

在摊棚吃小吃的孩童

曾经引领京城夏季冷饮时尚

资料记载，什刹海荷花市场的小吃可以说是风味十足，品种繁多，味美可口，老少咸宜。有年糕，豌豆黄，栗子羹，豆面糕，驴打滚，艾窝窝，扒糕，各种甜、咸馅油酥火烧，红、白马蹄烧饼，腰子饼，烫面饺，烧麦，三鲜肉饼，油条，爆肉，爆肚，炸鸡蛋，苏造肉，八宝莲子粥，八宝茶汤，荷叶粥，豌豆粥，豆汁儿，等等，举不胜举。

荷花市场的饮食摊贩，很多都是年年必到，摆摊地点也基本固定，而且各自都有自己的老主顾。比较著名的食品摊棚有年糕王的黄白枣年糕，其馅有七八种之多；扒糕年的扒糕，用纯荞麦面做成，料精工细；豆腐脑王的豆腐脑用真正口蘑作汤，味道醇正；晁、刘两家的油酥火烧层薄如纸，提起来可以看到对面的景物；增庆斋的八宝莲子粥敢竖起“天下第一八宝莲子粥”的招牌，品尝一口，确有独到之处；赵氏两兄弟的炸油条与众不同，别名叫“花老虎”；应家的八宝茶汤，真有八种果料……

然而，可别以为荷花市场里只有传统吃食，这里很时尚超前，甚至改变了许多老北京人的饮食观念，比如一些西式风味的冷饮就是在荷花市场最先出现的。

在荷花市场的冷饮中，除了高档的柠檬、菠萝等各种果味汽水儿外，还有加了牛奶的冰激凌等，并在 20 世纪 30 年代后期就开始兴盛起来了，为旧京百姓所接受。还有一种孩子们最爱吃的雪花酪。雪花酪的名字很好听，仿佛里面还搁了奶酪等高级配料，其实不然，它只是把凉水、天然碎冰块、淀粉、糖精、香精装在铁桶里，再把

什刹海美景

铁桶放入内有冰坨的大木桶。桶中间有轴儿，转动起来能把冰块等搅成雪花冰凌，盛在玻璃杯里有点像冰激凌。孩子们喜欢吃雪花酪，主要还是因为它比冰激凌便宜得多。20 世纪 30 年代的冰激凌在北平还算是摩登食品，吃一个要两三毛钱，而一杯大小相等的雪花酪只需两三大枚。

20 世纪 50 年代后，荷花市场一度废弃，1990 年后得到恢复。现在这里已建成步行商业街，除了有全聚德、同和居等老字号，还有星巴克咖啡等休闲餐饮新字号入驻。游客可在此登楼远眺，纳凉叙谈，品尝风味，观荷赏景，寻找老北京的生活感觉。

旧京的荷花市场，说到底，是老北京人记忆深处的一处清凉世界。在燥热难耐的夏季，荷花市场带给人们的那份惬意和清爽，至今还令多少人魂牵梦萦。

第四辑

中轴线上经典美食

摇元宵　杨信绘

六必居、天源酱园、桂馨斋等

北京的酱菜，妙在不太咸，同时又不太甜

有一种食物，北京人是离不了的，它用最简单、最常见的食材，腌渍出最丰富、最醇厚的味道。它妙在不太咸，同时又不太甜，在宽余时佐餐，简素时主菜，总之百搭皆宜。它就是酱菜。

老北京人对于酱菜的喜爱那真是无法自拔，无论是拮据还是富有，无论是酷暑还是寒冬，都是要吃酱菜的。记得我小时候最喜欢吃的是酱黄瓜和酱甘露。酱黄瓜味道咸中带甜，脆生生的，很有嚼头。仔细一品，唇齿间竟漾出鲜黄瓜才有的幽幽香气，用来下白米粥简直再合适不过。酱甘露是北京的特产，小孩都喜欢叫它“小宝塔”，可以一边吃一边玩。在缺少玩具的年代，造型那么可爱的小酱菜会让每个孩子产生别样的乐趣。

百搭皆宜的酱菜

酱菜发源于“不得已的苦衷”

说起酱菜，老北京人喜爱的品种有酱黄瓜、大酱萝卜、小酱萝卜、大腌萝卜、酱疙瘩、水疙瘩、熟疙瘩、酱苤蓝、酱甘露、酱银苗、酱瓜、酱八宝菜、酱黑菜、腌胡萝卜、腌雪里蕻、五香萝卜干、辣萝卜干、榨菜等。

过去，咱老北京的老字号酱菜园不少。前门外的六必居早在明嘉靖年间开张，至今已近五百年的历史了；西单路南的天源酱园，开业于清同治年间，桂花糖熟芥、酱芽姜等是招牌菜；宣武区骡马市大街的桂馨斋南派风味的梅干菜最有名；东安市场北门对门，是一家清真酱园，叫天义顺酱园，曾经营进宫的菜品。地安门大街宝瑞酱园、西四天义酱园、前门外天章酱园等就不必细说，四九城多如牛毛的大街小巷的油盐店都有酱菜出售。

酱菜园的发展壮大，归根结底是出于一种“不得已的苦衷”，那就是旧时蔬菜的紧张、缺乏和价格的相对昂贵。从二、三月到四月间是所谓的“青黄不接”时期，那时窖藏的蔬菜已经卖得差不多了。过去没有所谓的冬储大白菜，都是由农民和菜商储存，而新菜还没有上市，这两三个月想吃菜的老百姓怎么挨？只能吃腌酱菜。

《北京志·商业卷·副食品商业志》记载，北京酱腌菜的历史可追溯到南北朝时期。元代大都制酱技术的发展，以及明、清京师副食品业的分化和酱园业的勃兴，为北京酱腌菜业的形成奠定了基础。

过去，酱园在市井间的地位是很重的。北京的酱园更是流派鲜明，生产的酱菜丰富多彩。北京酱园通常被划分为三种类型，即老酱园、京酱园、南酱园。老酱园，据说与保定酱菜有渊源，味道较咸，酱香馥郁，以六必居为代表；京酱园，在腌制过程中加入蔗糖，以甜面酱为主要酱渍原料，味道甜香，清淡宜人，以天源为代表；南酱园，多为南方人经营，甜咸适口，酱香浓郁，以桂馨斋为代表。

穿着黄马褂进宫送酱菜

说起北京酱菜，北京人最熟悉的还是六必居。家里来了客，上得了台面的酱菜非六必居莫属。

相传六必居创于明嘉靖九年（1530），是山西临汾人赵存仁、赵存义、赵存礼三兄弟创办的。六必居原是一家小店铺，经营日常生活必需的柴、米、油、盐、酱、醋等六种杂货起家。据《都门纪略》和《朝市丛载》介绍，这家店铺在明朝就是制售八宝菜和包瓜等酱腌菜的名店。过去的《竹枝词》中对其有这样的评语："黑菜包瓜名不衰，七珍八宝样多余。都人争说前门外，四百年来六必居。"老北京民间过去也流传过这样一句话："炒菜丰泽园，酱菜六必居，烤鸭全聚德，吃药同仁堂。"

六必居最被人津津乐道的一点是招牌——"六必居"这三个字是严嵩题的。据说店主人为了请严嵩题字费尽心机。自从严嵩手书"六必居"的黑底金字大匾挂出来后，原来无名的小酱园顿时身价倍增。但此事只是一个传说，至今真假难辨，不过三个字确实漂亮，功力颇深。清代时，六必居酱菜不仅皇帝和王公贵族爱吃，平民百姓也喜欢拿来当下酒菜，是一种消除了阶级壁垒的流行食品。六必居酱菜还被选作宫廷御品，定期往宫里送货。清廷赐给六必居一顶红缨帽和一件黄马褂，送货时在宫里可获通行。

六必居最有名的产品有稀黄酱、铺淋酱油、甜酱萝卜、甜酱黄瓜、甜酱甘露、甜酱黑菜、甜酱包瓜、甜酱姜芽、甜酱八宝菜、甜酱什香菜、甜酱瓜、白糖蒜等。

旧时六必居选料极为讲究：白糖蒜必须得用长辛店李村李恩家或赵辛店范祥家种的"白皮六瓣"，甜酱萝卜必须得用广安门外一户姓王的人家种的萝卜，甜酱包瓜必须得用永定门外小红门牌坊村王光益家种的"八道黑"，莴笋必须得用广安门外太平桥乡湾子村韩文亮家

历史深厚的六必居

种的青莴笋……就这么一个小小的酱菜，要是想闯出牌子，那得从供货到制作再到销售好几代人兢兢业业、一丝不苟才攒下基业。

酱菜里的北京味才是地道家乡味

京酱园的代表是天源酱园，它于清同治八年（1869）开业，至今已有一百五十多年的历史了。京酱园是北京传统的酱腌工艺，也被称为“京作”。酱菜的味道偏甜，清淡宜人。

在老北京的诸多酱菜园中，天源酱园以适合北京人的口感而出名，它酱制的菜咸中带甜，很受顾客的好评，买卖越做越兴旺，很快竟有了和六必居分庭抗礼的架势，以至于《日下旧闻考》竟下了这样的评语：“北京酱菜，颇为著名，甜酱菜以天源为最佳。”天源酱园最出名的是甜酱甘露、甜酱乳瓜、甜酱什锦菜、桂花糖熟芥、麻仁金丝等。

南酱园则是模仿南方口味的做法，其口感更加偏甜，而且价格相对而言较为适中，其代表为桂馨斋。它于清乾隆元年（1736）开业，直至今日已有近三百年历史。桂馨斋擅长制作冬菜、梅干菜和佛手疙瘩，被誉为“冬菜老店”，因其在铁门胡同，故又称为铁门酱园。桂馨斋的传统产品梅干菜享誉京城。著名老字号正明斋的干菜月饼，就是用桂馨斋的梅干菜做原料制成的。

虽然每一类型酱菜的口味有些许差异，但是口味上的包容也正

种类繁多的酱菜

是北京人的讲究之一，并不会存在京酱园瞧不起南酱园，没有谁瞧不上谁这一说。

酱菜之妙，梁实秋有一句非常中肯的评价：“北平的酱菜，妙在不太咸，同时又不太甜。”酱菜除了佐餐，其实还可以做配菜，梁实秋在《酱菜》一文中写道：“有两样酱菜，特别宜于作烹调的配料。一个是酱黄瓜炒山鸡丁。过年前后，野味上市，山鸡（即雉）最受欢迎，那彩色的长尾巴就很好看。取山鸡胸肉切丁，加进酱黄瓜块大火爆炒，临起锅时再投入大量的葱块，浇上麻油拌匀。炒出来鸡肉白嫩，掺上酱黄瓜又咸又甜的滋味，是年菜中不可少的一味，要冷食。北地寒，炒一大锅，经久不坏。另一味是酱白菜炒冬笋。这是一道热炒。北方的白菜又白又嫩。新从酱缸出来的酱白菜，切碎，炒冬笋片，别有风味，和雪里蕻炒笋、荠菜炒笋、冬菇炒笋迥乎不同。”

美食因为有了酱菜的加盟而更加令人垂涎。在今天，即便是寒冬腊月人们也能吃上各种新鲜的蔬菜了，然而，传统酱菜并没有淡出人们的餐桌，它依然无处不在。酱菜里的北京味，才是咱老北京地道的家乡味。

义利食品

北京孩子童年里的果子面包味儿，来自这家“洋字号”

不知道多少北京人和我一样，童年里飘着果子面包味儿，还有维生素面包、黄油面包、酸三色、高粱饴……这些都是让孩子们垂涎的义利美食。在许多人的记忆里，义利就是童年的味道。

面包里藏着的中国近代史

如今，在“百年义利”总店的墙上，还悬挂着一张外国人的画像，他就是义利的创始人——詹姆斯·尼尔。在北京，洋血统的“老字号”还真是不多见。

清光绪三十二年（1906），船员詹姆斯·尼尔来到上海，在南京路摆设了一个小摊位，自产自销苏格兰风味的西点、面包，很受欢迎。后来他生意越做越大，便创办了义利洋行。詹姆斯·尼尔是个

遍布全城的义利连锁店

中国通，“义利”这个名字，便是引用“先义后利”“重义轻利”的儒家思想而来。在其后长达三十余年的时间里，义利洋行在上海经营得很是红火。詹姆斯去世后，义利洋行几经易主。1946 年，经营不善的义利被上海实业家买下，结束了其洋品牌的历史。

上海解放后，北京新中国食品厂的老板董祖鸿到上海传递了一个信息：首都北京急需发展食品工业。他建议义利迁京。1950 年冬，义利食品公司在以倪家玺为首的公司骨干带领下迁至北京，建立北京义利食品股份有限公司。

最初，义利新厂位于广安门内王子坟，占地四千四百八十八平方米。据史志记载，由于义利食品公司发展成为京城著名的老字号，便取“义利”中的“义”字将广安门内王子坟命名为广义街。1951 年，义利在东安门大街开设了第一家门市部，提出了“薄利多销、面向大众”的口号。1955 年后，义利隶属北京市轻工业局，从此成为名副其实的国营企业。

义利公司首次给京城百姓带来了西式饮食文化。之前，面包是只有住在东交民巷的洋人们和有钱人才吃得起的稀罕物，而在 1950 年那个冬天，义利食品公司几分钱的面包，让“西点”第一次光顾了京城百姓的餐桌。老百姓争相排队购买义利面包的场景，红红火火，真是令人难忘。

独一无二的果子面包

义利进京，为京城普及面包开了先河，奠定了几代北京人浓得化不开的义利情结。当年，京城刮起了“义利旋风”，陪伴了北京人大半个世纪的果子面包，就是那时推出的。

果子面包，俗称大果料，曾是义利在上海的“拳头产品”。不

义利的前身——上海义利洋行

过，在上海时，制作果子面包采用的都是新鲜水果，专供租界区，是高端奢侈品。来了北京，面向的都是普通老百姓，需求量增大了，新鲜水果供应不上，义利的厨师突发奇想，就结合北京的特产——果脯进行改良，创造出了这种中西合璧、独一无二的面包。

义利的果子面包不同于法式面包，这种面包有些发黑，是因为把核桃仁同面调和在一起出来的颜色，吃起来口感香甜，尤其是面包中的果料是经过一个一个精心挑选的，苹果脯不能有核，核桃仁不能有皮。由于选料精良，生产出来的面包既口感好，又富含营养。

果子面包里一共用了苹果脯、葡萄干、青梅、核桃、瓜条五种果料，按 5∶3 的比例加入面团中。所以，果子面包的分量扎实得很，里头全是“真家伙”，咬一口，满嘴果香。

除了果子面包，义利还有一款面包不得不提，那就是维生素面包。维生素面包是用大家后来熟悉的红黄蓝条蜡纸包装的，掰开后颜色嫩黄，入口香甜。20 世纪 60 年代中后期，物资匮乏，国人身体健康情况不理想，义利便把人们急需的核黄素，也就是维生素 B_2 加入面包中，制作出了这种具有食疗效果的面包。蜂黄色的面包看上去就叫人非常有食欲，嚼在嘴里甜丝丝的，还带有它独特的香气，那才叫正宗。

此外，口感扎实、飘着淡淡奶香味的乳白面包，以及其后推出的黄油面包，都是一代人的经典记忆。那些年，北京人餐桌上的“面包王”非义利莫属。一个北京孩子的一天，从一早起啃着蜡纸包果子面包上学开始，到晚上临睡前偷拿早上没啃完的果子面包垫巴肚子结束，甜梦里还想着，考试得了满分，要去义利的西餐厅见识见识。每逢家里来了出差的外地客人，更是少不了带十几个果子面包回去。

1963 年，义利食品公司职工正在生产乳白面包

聊起学生时代的春游那就更壮观了，班里同学几乎都会带义利面包作为午餐。三五个小朋友一边游园、划船，迎着湖面上的微风，享受着大自然的美景，一边不约而同地掏出面包，再土豪一点的还就着一瓶北冰洋汽水，空气中都飘着香甜的味道……

义利果子面包当年甚至成为男女情感交流的信物，成为一种时尚——“爱她，就带她去吃义利果子面包！”

“甜蜜”的童年记忆

除了面包，义利还留下了许多老味道，光说糖果这一项，便是五花八门。有玻璃纸包装的水果味硬糖酸三色，有软糯的高粱饴，还有酸酸甜甜的话梅糖，香甜醇厚的糖球儿、大虾酥……

和糖有关的是关于糖纸的深刻记忆。女孩们对漂亮的糖纸舍不得丢弃，攒糖纸成为和男孩儿攒烟盒洋画一样珍贵的收藏。糖纸有蜡纸的、玻璃纸的，也有印着彩画的胶版纸的。图案越是精细，颜色越是花哨的糖纸，就越是珍贵。攒糖纸类似集邮，不少糖纸都设计为系列成套，有的是同一图案好几种颜色的，也有系列图案的。攒齐了，夹在一本书里翻着看，是一种莫大的愉悦。更有甚者则是装入集邮册中的硬纸板插页间，那堪称是“殿堂级”的收藏品。

除了面包，义利还给京都老百姓带来了巧克力、威化饼干、黄油饼干等西式糕点，据统计曾经有七十四种之多。今天，遍布全城的“百年义利”里仍有很多好吃的点心，我最喜欢奶昔葡萄酥，它看起来普普通通却分量满满，蛋糕坯子混合了黄油和芝士，味道特

义利品牌的传承（张玉军提供）

别醇厚！还有镇店之宝奶黄酥，厚实的奶黄馅跟不要钱似的，一口下去香醇不腻，货真价实！当然，还有北京人钟爱的麻酱威化，算是把麻酱的妙用发挥到了极致。

最早时候的果子面包，每个四毛钱，现在在超市里买，已经涨到五六块，算起来涨了十倍多，但我们的工资较当年又涨了多少倍呢？着实说起来，这五六块的定价相比其他品牌仍然是相当便宜。半个多世纪过去了，义利果子面包的包装一点儿没变，满足了老北京人的怀旧情绪。面包的质量基本也保持着原来的水准。

如今，最早吃义利果子面包的几代人不少已经升级为爷爷奶奶、姥姥姥爷，而他们还会带着孙辈孩童到“百年义利”的门店买果子面包，跟孩子们分享传统美食，讲述过去的美好故事……

护国寺小吃店、隆福寺小吃店、锦芳小吃店

每个北京人的记忆里都少不了门口那家小吃店

兜里揣着妈妈给的两毛钱，上学的路上路过胡同口的小吃店，豆浆配油条，豆腐脑配糖油饼，包子配炒肝，烧饼配羊杂汤，或是一碗鸡汤馄饨……从睡醒就惦记这顿，每天不重样。

相信很多“60后”“70后”北京人的记忆里，都少不了家门口的小吃店。双职工的大人没工夫做饭的时候，孩子的早晚饭经常要在小吃店解决。服务员是看着自己长大的大妈大婶，来吃饭的都是熟悉的街坊邻居。简单而温暖的味道，以至于很多年之后，吃遍山珍海味，还是会想念那个小吃店。

曾经遍布大街小巷的小吃店

对于很多人来说，小吃店的记忆比下馆子还深刻。除了那些知

名的饭庄餐馆，北京还有许多经济实惠、风味独特的小吃店。老人说起来如数家珍：王府井东风市场东来顺的奶油炸糕，西单十字路口东南角的庆丰包子铺，西四十字路口西南角的包子铺，平安里丁字路口东南角的山西刀削面馆，人民市场斜对面的隆福寺小吃店，宽街十字路口东北角的回民食堂，地安门外后门桥边上和义斋的灌肠，鼓楼后摊群李大妈的炖吊子，西单北大街路东的迎春饺子馆，王府井八面槽的馄饨侯，南来顺小吃店，府右街路北的延吉冷面馆，等等。

分布在北京大街小巷里的这些小吃店生意也非常火，尤其是那些经营早点的小店，油饼、油条、炸糕、包子、馄饨、豆浆、焦圈、豆汁儿、炒肝、豆腐脑、面茶、羊杂等吃的人很多。在外面吃早点是许多北京人的饮食习惯，花样繁多，好吃不贵。

炸糕

除了早点，很多小吃店也提供午餐晚餐，包括包子、饺子、面条、炒疙瘩、炒饼、馅饼、肉饼、卤煮、爆肚等。这些经济实惠的品种非常受欢迎，造就了北京人除了下馆子外的另一路吃法。几个小青年店里一坐，几瓶啤酒，再要些包子、饺子、炒饼之类，两三个人边吃边聊，花个块儿八毛的，就能酒足饭饱。女孩子聚会则更喜欢吃豌豆黄、艾窝窝、糖火烧、奶油炸糕这些甜食点心，一人一瓶北冰洋，边吃边聊，好不热闹。

被护国寺收编的小吃店

现如今，好些街头巷尾的不知名小吃店都消失了，北京最有名、分店最多的当数护国寺小吃店。护国寺小吃原本就是过年庙会上的吃食，护国寺庙会每月逢七、逢八开庙，即每月的初七、初八、十七、十八、二十七、二十八开庙，相传在乾隆时已有，是京城最大庙会之一，实则是借庙宇之地定期开集，以满足老百姓生活需要。以前，西城的护国寺与东城的隆福寺庙会齐名，分别是西城和东城市民百姓喜欢游逛的地方。如果以中轴线为对称轴，就会发现这两个庙会正好位于一西一东，左右还大体对称。如今寺庙和庙会都没有了，却留下护国寺小吃店和隆福寺小吃店，只能感叹美食的生命力最顽强！

已故著名作家老舍先生幼年时期就居住在离护国寺不远的小羊圈胡同（今小杨家胡同），他对这里的小吃非常熟悉和喜爱。老舍是庙会的常客，他就像《老张的哲学》里的王德，时不时去那“享受

护国寺小吃店

一碗酸而浓于牛乳的豆汁”，或是如《四世同堂》中的祁老人，睡过午觉后，慢悠悠地走向护国寺，吹着微风，欣赏寺内大殿上残破的琉璃瓦。

护国寺小吃店是1956年北京市全行业公私合营时在原护国寺庙会多家小吃摊铺的基础上联合发展而来，所以北京不少有名的小吃都在这里边了，如茶汤英、切糕刘、扒糕年、白薯王、羊霜张等。护国寺小吃的招牌是老舍之子舒乙后来所题。

护国寺小吃经营的品种有近百种，大体分为炸货、黏货和流食三类。炸货有油饼、油条、薄脆、焦圈、炸糕、麻团、蜜麻花（俗称糖耳朵）、开口笑等；黏货有元宵、汤圆、艾窝窝、豆面糕（俗称驴打滚儿）、年糕、枣糕、果料糕、豌豆黄等；流食有豆浆、豆汁儿、豆腐脑、炸豆腐汤、丸子汤、小豆粥、八宝粥、莲子粥、杏仁豆腐等。

现如今，护国寺小吃已经满城开花，其实很多就是胡同口的小吃店改的。一位北京老人告诉我："原地安门清真小吃店改成护国寺小吃地安门店；缸瓦市的原'曙光'小吃店更名为护国寺小吃缸瓦市店；西安门清真小吃店改为护国寺小吃西安门店，这家店在七八十年代叫'红星回民饭馆'，因为我从出生到现在一直住在西黄城根，所以这些小吃店经常去，是它们的老顾客。"这些小吃店都归入护国寺"系列"，有了统一的品牌和名号。

记忆里的隆福寺和锦芳

过去，和护国寺小吃店一西一东对应的就是隆福寺小吃店，同样起源于庙会。隆福寺庙会兴起于清雍正年间，每月逢九、逢十有庙会，与护国寺庙会并称“东西二庙”。隆福寺小吃店经营的清真小吃品种齐全，有枣年糕、黏豆包、豆面糕、豌豆黄、艾窝窝、果料糕、炸回头、蜜三刀、汤面炸糕、蜜麻花、焦圈、糖饼、糖包、面茶、果料粥、麻花、炸糕、糖酥烧饼、螺丝转、豆腐脑、豆浆、马拉糕、果料包、开口笑、鸳鸯酥、绿豆面丸子汤等。1901 年，一场大火毁了隆福寺，但小吃却保留了下来。

1956 年由北京市服务局与东城区服务公司创建隆福寺小吃店，将原来散落在隆福寺庙前、寺内的小吃摊集中起来，统一管理、统一经营。隆福寺小吃店一度成为北京最著名、最大的国营清真小吃店。全店面积达六百多平方米，有四十张餐桌二百个餐位。怎么吃？进门先买一定金额的票，攥着票围着柜台转，想吃什么买什么。几步下来，找张桌子一坐，在自己面前一一摆下：东路的油条、西街的烧饼、庙南的炸灌肠、寺北的豆腐脑……

1985 年，隆福大厦拔地而起，隆福寺小吃店迎来了最鼎盛的黄金时代，营业时间从早 6 点到晚 7 点 30 分，客人川流不息。然而这场盛筵结束得太快，1993 年一场大火，导致隆福寺小吃店短暂拆除停业。此后，虽然小吃店重张，但再也不复昔日辉煌了。近年隆福大厦修复重张，我们期盼它再现繁盛！

锦芳小吃店则深刻地留在南城人的记忆里，它原名荣祥成，位于崇文门外花市二条把口处，1926 年由山东德州人满乐亭创办，起初专营牛羊生肉，后来增添烧烤牛羊肉熟肉制品，又添置了冷冻机，生产批发冰棍、汽水等冷饮。1952 年开始增添小吃品种，1958 年开

艾窝窝

始专营北京小吃，1966年荣成祥更名为锦芳回民小吃店，现在也开了多家分店。

锦芳小吃做工精细，达六十多种，有奶油炸糕、炸糕、一品烧饼、蜜麻花、蜜三刀、艾窝窝、豆面糕、麒麟酥、南味酥、墩饽饽、芝麻烧饼、开口笑、麻团、糖火烧、糖烧饼、炸松肉等。流食有面茶、豆面丸子汤、羊杂碎汤、炸豆腐汤、紫米粥、莲子粥、腊八粥、小米粥等。

那些忘不了的味道

下面说说那些小吃店里忘不了的吃食，最普通最简单，不知道

豆腐脑

为什么经常无端想起，时时怀念。

就个人口味而言，去小吃店吃早餐我最喜欢的是豆腐脑。北京人吃豆腐脑，讲究在上面浇一层卤汁。回民做的卤，荤的以牛羊肉熬汤，其中配有黄花、木耳、鸡蛋等；素的以黄花、木耳、面筋为主料。白花花的豆腐脑上浇一层橙红透亮的卤汁，哆里哆嗦地舀一勺下肚，真是鲜美有味极了！小吃店还备有蒜汁、韭菜花、辣椒油等调料，您可以根据自己的口味选用。北京人吃豆腐脑，讲究用勺子靠边一勺一勺掗着吃，若是一顿搅和，就会把卤汁搅澥，连蒜汁、辣椒油也都乱了味，这样就尝不出豆腐脑原有的滋味了。

吃豆腐脑标配就是糖油饼。在以咸口为主的北京早餐里，糖油饼绝对是个例外，红糖或白糖和出来的糖面，揪出一团放在普通面团上，擀面杖轻轻擀两下，双手提起来放入油锅，眨眼工夫糖油饼就鼓起来了。炸糖油饼时要糖面先向下，待其鼓起后再不断翻滚。刚出锅的糖油饼外焦里嫩，一口咬下去，外面的糖衣嘎嘣脆，里面的饼心却是软乎乎的，还冒着丝丝热气儿。糖油饼就豆腐脑，或是直接掰成小块泡在豆腐脑里，裹着厚重的卤汁，筋道可口，舒坦极了！

小吃店都卖炸货，如油饼、油条、焦圈、炸糕等。这些炸货只有趁热吃刚出锅的，才能保持焦脆鲜香。在炸货里，我最喜欢炸糕。炸糕一般分为黄米面炸糕、江米面炸糕和烫面炸糕，是用江米面或黏黄米面包小豆馅油炸做成。好的炸糕，工艺极为讲究。炸制所用的黏米面要经过发酵、用碱，炸后方可外焦里嫩、酥香适口。炸糕所包的豆馅，颗粒不能太细，炒制时不能加油。在豆馅中加入白糖和桂花，有独特的口感和香气。

说不完道不尽的小吃店，每个人都有最爱的那一款小吃，都有最怀念的那样美食。这些简单的食材，做出经典的味道，滋养着一代又一代北京人的肠胃。

稻香村、锦芳、护国寺等

摇元宵比吃元宵更有趣，摇出红红火火的新一年

“过完十五才出年”，一语道出人们对过年的深情眷恋。曾几何时，元宵夜，一家人围坐在一起，看着热气腾腾的馅料在糯米面里欢快地蹦来蹦去。这时，每个人从心底油然而生最真诚的祝愿。随着笸箩的不停摇动，不仅摇出了味道鲜美的元宵，也摇出了红红火火的新一年。

现场摇元宵又回来了

通常，距离元宵节还有一周时间，北京街头的小吃店门口就已经排起了大长队。很多人不理解，超市里那么多现成的，为何偏偏要在寒风中等个把小时买二斤元宵？原因可能有千百种，但归根结底就两个字：讲究！元宵节，北京人讲究吃元宵，而且得现摇现吃。

很多人看摇元宵的记忆，是从稻香村开始的。20 世纪 80 年代，

每到春节期间，北京稻香村的门口就支起摇元宵的摊子，人们排着长队来买，常常供不应求。90 年代，北京稻香村的门店越来越多，人手也越来越紧张，现摇元宵改由工厂统一生产，渐渐淡出了人们视线。时隔二十多年，现场摇元宵终于在 2019 年元宵节前回归了。

早年间，摇元宵可谓是一件民间盛事。有名气的店铺都会架起大棚，悬灯结彩大张旗鼓地宣传，观者众多，热闹非凡。眼看着馅料一层一层地沾上糯米粉，先是可见棱角的一团，渐渐地圆乎起来，最后成了滚瓜溜圆的一颗颗元宵……那真是“心想事成”！于是赶快掏出钱来（现在是举过手机来），大家争相购买。当年的许多孩

北京人现场买元宵

子，看着摇元宵的汉子们这现场制作，不少人内心曾升腾起这样的念想：这手艺真好，长大了我也来摇元宵！元宵节老百姓最重要的活动便是买元宵、看灯、听曲儿、猜谜语，一家围坐在一起，吃着热腾腾的元宵，和和美美，特别吉祥。

北京人的时令美食

正月十五吃元宵、汤圆的习俗最早记载见于宋代。当时称元宵为浮圆子、圆子、沙团等。宋代文人曾对这种食品以极高的赞美："团团秫粉，点点蔗霜；浴以沉水，清甘且香。"

到了明代，元宵正式作为食物名称出现，品种更为丰富。《明宫史》曾载，自正月初九起四九城内北京人就开始吃元宵，其制法已如今日用糯米细面内夹白糖、桃仁、玫瑰等为馅。至清代，元宵曾是皇宫内元宵节时必食的御膳食品。

王希富先生曾对笔者提过，京城元宵最具盛名的是康熙年间就已出名的御用"八宝元宵"，以白糖、花生、核桃、芝麻、瓜子、青梅、松子、瓜条八种原料制作而成，曾有诗曰："紫雪茶社斟甘露，八宝元宵效内做。"

民国年间，北京元宵品种越来越多，分为有馅心和无馅心两大类。北京的元宵馅心品种众多，如有加入桂花、芝麻、核桃仁、瓜子等果料的；有以细豆沙枣泥或山楂泥为馅的，也有五仁元宵、什锦元宵等，可谓千变万化、风味各异，四九城内各阶层人士均爱品尝。

美食家唐鲁孙先生著书内曾经回忆北平的元宵。他提到，当年北平的元宵都是饽饽铺、茶汤铺在铺子门前临时设摊，现摇现卖。馅儿分山楂、枣泥、豆沙、黑白芝麻等几种。“先把馅儿做好冻起来，截成大骰子块儿，把馅儿用大笊篱盛着往水里一蘸，放在盛有糯米粉的大筛子里摇，等馅儿沾满糯米粉，倒在笊篱里蘸水再摇，往复三两次。不同的元宵馅儿，点上红点、梅花等记号来识别，就算大功告成啦。”

唐鲁孙印象最深的是早间曾在北平吃过的一种奶油元宵。“在宣统未出宫以前，每逢元宵节，御膳房做的一种枣泥奶油馅儿元宵，其味甜酪，奶香蕴存。据说做馅儿所用的奶油，是西藏活佛或蒙古王公精选贡品，所以香醇味厚，塞上金浆，这种元宵当然是个中隽品。”

一碗元宵滋味绵长

已故的民俗泰斗常人春先生曾经介绍，北京人爱吃元宵，每逢元宵节，不论社会等级，只要家中吃得起的，都要大量吃。北京做元宵的老字号，有稻香村、宫颐府、溢鑫府、聚庆斋、正明斋等一大批，其中稻香村更是从清光绪二十一年（1895）落户北京就开始出品元宵。

北京人喜欢吃什么馅料的元宵呢？那品种可就太多了，近些年还在不断创新，只有想不到，没有做不到……

稻香村元宵的馅料毫不含糊，选用山西汾阳的核桃仁、京西妙峰山的玫瑰花、江西的小粒黑芝麻、苏杭的桂花，制成四款经典馅料：精制黑芝麻、桂花山楂、传统五仁和奶油可可。据说近年还新增了核桃玫瑰和香橙杧果两种新口味元宵。

享誉京城的锦芳小吃

锦芳小吃创建于1926年，是享誉京城的清真小吃店，但在很多人心里，锦芳的头牌产品是元宵。每年元宵节前，门口连续几天排着几百米长队的小吃店，一定是锦芳小吃。作为北京元宵中的名品，锦芳元宵坚持不使用成品馅料，按照秘方比例自制馅料，除了黑芝麻、山楂、桂花、玫瑰、椒盐等传统口味，还研发了麦乳精、椰蓉、葡萄干等品种。

牛街白记出品的元宵人气也极高。现任掌柜坚持做手工元宵有二十余年，白记的元宵馅料讲究，黑芝麻馅里面用的是香油，山楂馅里还能吃出山楂糕来。还有别致的果珍果脯馅，煮熟后，外皮晶莹白糯，馅料饱满，咬一口，满嘴浓缩橙汁！需要注意的是，白记元宵甜度比较高，老人和小孩不能多吃。

老北京的小吃，您能在护国寺小吃店中一样不落地找到，元宵自然也不例外。护国寺小吃的元宵，以各种水果口味而见长。除了传统的五仁、巧克力、豆沙、草莓、玫瑰等十多种馅料外，还有橘子、菠萝、草莓、柠檬、榴莲等口味，深受“水果控”的喜爱。如果您是“榴莲控”，一定要做好排队的心理准备哦。

在食物相对匮乏的年代，元宵是孩子们盼望的美食，那甜甜的滋味萦绕在唇齿间，黏糊糊的元宵汤都要喝得一点不剩。如今，元宵早已经不是什么稀罕物，但正月十五的元宵却是每家必吃的。圆润饱满的元宵，将温情扩大到每个人的心田，它已经成为团圆的象征。

一碗元宵，口感甜糯，滋味绵长。这滋味融入了情感和回忆，在舌尖心底许久徘徊。

包子、饺子、锅贴、烧麦等

“吃馅儿”是北京人的一种情怀，五味人生都包在里边

和所有的北方人一样，北京人钟爱面食，尤其是盛夏时节，天儿热懒得炒菜的时候，各种面食轮番登场。除了面条，就是各种“馅儿活”：蒸的、煮的、煎的、炸的……花样繁多，滋味各异，想着就过瘾。这是永远吃不腻的北京味道。

每一碗饺子都是人间小团圆

在中国，没有哪种国民食品比饺子承担的文化属性更丰富，也最实在。北京的节令食物里永远少不了它，什么“头伏饺子二伏面”“冬至饺子夏至面”，对了，立冬和“破五”也要吃饺子，最隆重的是除夕大年夜，一定要全家齐上阵包饺子。直到火热气氛裹着饺子上了桌，忙叨的一年才算圆满收尾。

老北京饺子馆有不少，中轴线上最有名的要数天桥的鸿兴楼，它是北京最早以卖饺子为主的饭馆，当年北京流传着一句口头禅："要吃烧麦到都一处，要吃饺子到鸿兴楼。"鸿兴楼每天卖一百袋左右面粉的饺子，仍是供不应求。相传一两面可以捏出二十余个饺子，皮薄而馅足。

饺子是否好吃，最重要的是调馅料，所以老北京也管饺子叫"馅儿活"。说到"馅儿活"，鸿兴楼在北京可以算是一绝，皮薄馅大，一口咬下去，唇齿留香。鸿兴楼有多种馅料，肉馅的、素馅的，甜的、咸的，杂色什锦的，也有鱼虾等高级馅料，只要顾客点，没有不能应的。热气腾腾的一盘水饺往桌上一放，香味扑鼻，

饺子

咬一口出油，无比鲜美，真是“舒服不如倒着，好吃不过饺子”。店里经常客满没地儿坐，于是经常有人从家里端着锅来买带走，这也是一道独特的风景。

不过可惜的是，鸿兴楼20世纪90年代后因各种原因，现在已经无存。不过，现如今北京的饺子馆遍地开花，惠丰饺子楼、馅老满、老边饺子馆、百饺园……想吃的时候随处都能吃。北京人一年到头都在吃饺子，真是百吃不厌，它不但好吃，而且承载了各种“团圆”“美满”的寓意，简直就是代表了幸福。

褡裢火烧得配酸辣汤

褡裢火烧并不是火烧，而是一种油煎食品，类似馅饼。褡裢火烧煎好后，色泽金黄，外焦里嫩，吃时蘸上醋、蒜汁、辣椒油调成的佐料，非常可口。吃褡裢火烧时，要配用鸡血和豆腐条制成的酸辣汤，鲜香酸辣，余味无穷。

相传，褡裢火烧由顺义人姚春宣夫妻在清光绪二年（1876）创制。他们将装有肉馅的面饼折成长条形，放在饼铛里用油煎。因为呈长方形，又有对折，类似古代背在肩上的褡裢，便给这食物取名为褡裢火烧。因其吃起来外焦里嫩，味道鲜美可口，一来二去，小摊的生意越做越火。姚氏夫妇索性在东安市场开起一家名叫瑞明楼的小店，专门经营褡裢火烧，一时名噪京都，成为北京家喻户晓的名小吃，只可惜传至第二代就因经营不善倒闭了。店内的两名伙计罗虎祥和郝家瑞精于此道，于1934年从每人名字中各取一字，合资在门框胡同内开设了祥瑞饭馆，后改名为瑞宾楼，专供褡裢火烧，现在迁到了赵公口，仍是北京最有名的褡裢火烧馆子之一。

褡裢火烧

本人最喜欢猪肉韭菜的褡裢火烧，皮儿薄馅儿大，必须要现包现吃才过瘾。趁着起锅的热气，一铲下去，成排入碟，淋上香醋，咬一口，外焦里嫩，满嘴流油，再蘸着腊八醋，那叫一个香！

门钉肉饼——留神滋一身油

走在北京的胡同里，经常能看到门钉肉饼的店铺。据说，这种特色小吃的产生也和慈禧太后有关。

话说有一天，御膳房的师傅给慈禧做了一道带馅的小吃。慈禧吃后，觉得味道适口，非常喜欢，就问这是什么。当时还没有给这食物取名字，可是太后问，总不能说不知道。厨师灵机一动，看它像宫廷大门上的钉帽，赶紧回答说："门钉肉饼。"于是这种小吃就这样叫开了。

门钉肉饼，是清真小吃，选肥瘦牛肉，比例约为3:7，加入葱末、姜末、香油、精盐，调制成肉馅，薄皮大馅，先在饼铛上抹上油，然后烙和煎，成熟后外皮色泽金黄，外焦里嫩，皮薄馅大。门钉肉饼趁热吃最好，放凉了，馅里的牛油已经凝固，吃着糊嘴。但也不能太急，要是迫不及待一大口咬下去，烫嘴不说，还容易滋一身油，原来解锁门钉肉饼的正确方式是先喝汤再吃饼。

20世纪80年代中期，在东华门大街路南曾有永兴斋饭馆，主

门钉肉饼

营的门钉肉饼相当出名。此外，祥云斋、宝瑞、金生隆，乃至满大街的护国寺小吃店，都有门钉肉饼，基本五六块钱一个，搭配一碗小米粥，好吃不贵。

烧麦的名字多得数不清

蒸制的馅儿食里，除了包子，北京人还爱吃烧麦。虽然它起源晚于包子、饺子、馄饨，但却有烧卖、肖米、稍麦、稍梅、烧梅、鬼蓬头、梢美、纱帽、寿迈、晓卖、开口笑等诸多别称。

《绥远通志稿》中记载：“惟室内所售捎卖一种，则为食品中之特色，因茶肆附带卖之。俗语谓‘附带’为捎，故称‘捎卖’。且归化（呼和浩特）烧麦，自昔驰名远近，外县或外埠亦有仿制以为业者，而风味稍逊矣。”所以有观点认为，烧麦应该源自呼和浩特，清代北京烧麦馆都悬挂着“正宗归化烧麦”的招牌。

北京的烧麦馆当数都一处的名气最大，这家店开业于清乾隆三年（1738），创业人姓王，原籍山西。最初只是家小酒店，在前门外大街路东，鲜鱼口南。老板赚钱后，于乾隆七年（1742）盖了一间小楼，经营品种有煮小花生、玫瑰枣、晾肉等小菜，到乾隆十七年（1752），因皇帝赐名而出名。

同治年间都一处才增添了烧麦，不仅皮薄馅满，而且味道很好。从 20 世纪 80 年代的资料看，都一处经营的烧麦有葱花鲜肉馅和三鲜馅。其中，三鲜馅又分两种：一种是海米、海参和鸡蛋，另一种是虾仁、海参和玉兰片。

如今都一处烧麦的馅料更多了，还推出了春夏秋冬“四季烧麦”，到了哪个时令，把时令中最有营养的食材结合到馅儿里，如春季的春韭烧麦、夏季的西葫芦烧麦、秋季的蟹肉烧麦和冬季的猪肉大葱烧麦。四季之美尽在“馅儿”中，食之香而不腻，回味无穷。

馄饨原来是种节令饮食

说起馄饨，全国都有，虽然名字各不相同，但北京人尤其钟爱

馄饨

它，是早餐和夜宵的主打品种。然而，很多人可能不知道，馄饨最初是冬至吃的节令食品。《燕京岁时记》云:“夫馄饨之形有如鸡卵，颇似天地混沌之象，故于冬至日食之。”“馄饨”与“混沌”谐音，故民间将吃馄饨引申为打破混沌，开辟天地。没想到不起眼的馄饨还承担着这么大的责任。

北京最有名的吃馄饨的去处当数馄饨侯。新中国成立前后，有一位叫侯庭杰的人在东安门大街东头儿路北摆摊专卖馄饨，人称“馄饨侯”。1956 年公私合营时，几个个体馄饨摊联合成立了合作组，开了家“北京风味馄饨侯”饭馆，并选侯庭杰当经理，开业后生意兴隆，顾客经常是排队等候就餐。

馄饨侯的馄饨皮薄、馅细、汤鲜、料全。皮薄，如果拿一张放在报纸上，能看到报纸上的字。馅细，馅用的肉，肥与瘦、肉与菜都有一定比例，手工制作，现包现买。汤鲜，煮馄饨的汤用猪的大棒骨熬成，味浓而不油腻。料全，佐料有紫菜、冬菜、虾米皮、鸡蛋皮、香菜、胡椒粉、酱油和醋等。

最初，馄饨侯的馄饨只有猪肉馅，现在品种增加不少，有鲜肉馄饨、酸汤馄饨、红油馄饨、虾肉馄饨、菜肉馄饨等。我曾去过鼓楼和西四的两家分店，一碗馄饨吃不饱，还可以配麻酱烧饼、牛肉馅烧饼、黑芝麻咸酥饼、玫瑰酥饼。

南北包子的兼容并蓄

对于中国人来说，包子是再熟悉不过的一种馅儿食了。老北京人最常吃的包子是猪肉大葱馅儿的，选用肥瘦相间的猪肉，将剁碎的葱掺入其中，充分搅拌，使葱汁和肉馅的味道融为一体。蒸熟后，肉馅的油浸到葱内，和着外面软嫩的面皮，一口下去绝对的享受！

如今在北京，几乎想吃什么包子都能找见，北方的发面包、烫面包，南方的小笼包、灌汤包、生煎包，还有新疆的烤包子……满街的庆丰包子铺自不必提了，味道大众，价钱便宜。前两年重新开张的西四包子铺忽然火起来，我倒是特地排了一个多小时的队去尝了尝。

原本在西四路口的这家老包子铺名为二友居，可以追溯到清末民初，做的是天津包子，20 世纪 90 年代消失，2018 年在西什库附近的顺天府超市美食街重张，没挂“二友居”的招牌，只说是“西四包子”，据说是从以前的伙计手里学了技术。老顾客闻声而至，每天排长队抢购一空，每人限购半斤。包子卖相并不太好，像是发面没发好的样子，不过据说它家包子就是这个特色，是半发面的，闻着很香，迫不及待咬一口，汁水四溢，皮薄而弹，馅大且香，比较油腻，适合爱吃肉的人。如今“西四包子”的连锁店也开了不少，估计不用排大队了。“二友居”后来也在西四重新开张，早先主打肉饼，最近也添了包子。

印象比较深的还有牛街的洪记包子，是清真包子的代表，定点供应，也得排大队。牛肉大葱馅儿的最受欢迎，咬开汤鲜肉嫩，余香满口。

汤包的代表要数玉华台，这是北京最正宗的淮扬菜馆，它家的汤包才是真正的含着一汪子汤。一笼屉里放七八个包子，连笼屉上桌，热气腾腾，包子底下垫着一块蒸笼布，包子扁扁地塌在蒸笼布上。取食的时候要眼明手快，抓住包子的皱褶处猛然提起，包子皮骤然下坠，趁包子没有破裂赶快放进自己的碟中，轻轻咬破包子皮，把其中的汤汁吸饮下肚，然后再吃包子的空皮。其实吃这种包子，其乐趣的一大部分就在那一抓一吸之间。

北京带馅儿的美食还有很多，如锅贴、馅饼、京东肉饼、肉龙等，不一而足，大多好吃不贵，质朴无华，街头巷尾都能寻见，属于人见人爱的平民美食。

有人说，吃“馅儿”是北京人的一种情怀，五味人生都包在里面了。想来也确实如此，它们既挡饿又解馋，一日三餐皆可吃，简简单单却又实实在在，诸般滋味都在那层皮儿下面，甘苦冷暖自知，这不正像我们老百姓的生活吗？

炸酱面

四九城到处都有炸酱面，哪一碗最让人想念

2020年北京新发地新冠疫情刚暴发的时候，全国人民刚给武汉热干面加完油，转头就开始给北京炸酱面加油了。这种方式成为中国特殊的“抗疫”方式，再次证明中国是一个舌尖上的美食之国。

然而，为什么是炸酱面？当然，也可以给北京烤鸭加油，给卤煮加油，给豆汁儿加油……说起来，总是不如炸酱面这样深入人心，直指灵魂。

炸酱面的灵魂便在于那一碗酱

我想，每个北京人的记忆深处，都有这样一碗销魂的炸酱面：它带着红红火火、热热闹闹的烟火气，各色面码拌出绚丽诱人的色

北京炸酱面

彩，浓香的肉和酱勾勒出最浓墨重彩的那一笔，再加上筋道的面条，无论是锅挑儿还是过水，都各有妙处……面对这一碗，最文雅的北京大妞也不会再顾及形象，最好是用那种大海碗，“呼噜呼噜”一碗下去——此生足矣！

最平民也最奢华，这就是令无数北京人魂牵梦萦的炸酱面。说它平民，是因为北京街头巷尾几乎在哪儿都能吃到，谁都能吃得起；说它奢华，是因为您永远找不到最好的那一碗，醇厚的滋味儿来自烹饪时持久的耐心和背后无数记忆累加起来的念想儿，这哪里是用钱能买到的呢？！

这些年也吃过很多京味儿馆子里的招牌炸酱面，一水儿的京腔跑堂小伙计，张嘴就是“来了您哪”，菜码十几种，看得人眼花缭乱，可吃到嘴里就能分出高下，酱有时候太咸，有时候发苦，有时候又觉得不够香，油多了太腻，油少了又干……嘿！您说咱这口儿！

炸酱面的灵魂便在于那一碗酱，老北京人称为小碗干炸，别看是简单的一碗炸酱，那里面的讲究太多了。我为此特意请教过一位资深的老饕，他认为，小碗干炸的标准就是一个。是什么呢？炸好的酱放在碗里，用筷子中间划开，缝隙不黏合，只有这样才是真正上好的小碗干炸。而另外一位超级吃货则认为，检验好的小碗干炸须把酱放三天，不能成坨儿，不能干，酱上要汪着一层透亮的浮油。

从一位老北京口中得知，炸酱的道道还有很多，其细节可以勾画出老北京社会生活史之一斑。老北京南城的人选酱喜欢用六必居的，北城的人喜欢用天源的，回民都用桂馨斋的。炸酱有肉酱、素酱、桂花酱。素酱没什么说的，桂花酱就是鸡蛋炸酱，肉酱通常用五花肉，更讲究的要用硬肋肉，靠近骨头的肉更香，又不会太腻。

在老北京，北城和南城的炸酱是不一样的。南城炸出的酱黑，因为要放酱油，一要颜色，二要咸口。南城多为三教九流的穷苦百姓，这样的酱节省，下饭。北城则是不放酱油的，觉得黑乎乎不好看，所以北城的酱大体上是红酸枝或顶多是老红木那么一种颜色，您要是像紫檀木那般的色，就属于“过了”。北城号称“东富西贵”，多为旗人官宦人家，生活水平当然比南城要高，因此炸酱绝对不能黑乎乎的咸咸的，好像是要让人少吃似的，觉得丢人。

肉酱——炸酱面的灵魂

醇厚的滋味来自持久的耐心

炸酱醇厚的滋味来自耐心，制作所用时间长短不同，高下立判。一位老饕提供的炸酱方法是这样的：肉去皮后，肥瘦分开，切成麻将色子大的方丁儿，油热后先放肥肉丁儿煸，时不时用铲子挤压肥肉丁儿，觉着肉丁儿还有些弹性，不要煸干，把瘦肉丁儿放入锅内，同时放姜末儿煸炒。待瘦肉丁儿变色，放入澥好的干黄酱，别动！速将涮黄酱碗的水少许倒入锅内，此时形成爆锅，即刻用铲子一个方向合拢。待肉、酱、水均匀呈糊状，改小火儿，继续一个方向合拢。直到黄酱在锅里冒泡，颜色变深，熬制时间至少需要半小时，需要不停搅和，不能离人，否则很容易煳锅。我认识的炸酱面爱好者中有的搅和这一工序竟然长达两小时，那种滋味，令人遐想。

煮好的面沥干后直接盛入碗中，趁热拌上热腾腾的炸酱，再加上水灵灵的菜码，北京人称之为锅挑儿。也有人习惯将煮好的面在凉开水中过凉，然后再拌上炸酱和菜码，俗称过水面。炸酱面冷热皆宜，但老北京们最爱的，仍然是锅挑儿的热乎劲儿。

炸酱面还有一个特殊的妙处，就是北京人每家都有每家的做法，坊间流传着无数秘方，有的只用干黄酱，有的加甜面酱，有的还要加豆瓣酱，一家一个味道。

这事儿就复杂了，就像长大之后怀念妈妈做的菜，再著名的馆子也做不出来。那一碗魂牵梦萦的炸酱面，只是存在于记忆中的味道，想着，却永远够不着。

我此生最难忘的酱是姥姥炸的。我刚参加工作的时候，姥姥每隔一段时间就会给我送一大盒她自己炖的牛肉和一罐子自己做的炸酱。姥姥是个非常慈祥温和的人，她从来也不苛责我不会做饭，只是自己做了带来，无论是酱还是肉，都是用大铁锅精心熬制，香气扑鼻。

她那时候已经七十多岁，有时候提着大兜吃的换好几路公交车到我家，然后放在冰箱里。可是从不开火的我经常会忘记这回事。有一次，我打扫冰箱，发现了一罐炸酱，已经长毛，就随手扔到垃圾桶里了。那些年，那么多罐炸酱，吃得少，扔得多。姥姥不知道真相，仍然认真做好时常送来，直到无法行走。

当时不觉得怎样，可是那些扔掉的炸酱竟然在我的脑海中一直挥之不去，慢慢酝酿成越来越深的愧疚和痛惜。尤其是姥姥去世多年后，我也人到中年，每天为孩子和柴米油盐奔波，开始认真做饭，却始终做不好炸酱。于是，我便越发怀念那些年扔掉的炸酱，却再也没人把它放在我的冰箱里了。那酱和它调出的炸酱面，终于成了永远够不着的念想儿。

关于炸酱面的一段传奇

即使是炸酱面这样最平易近人的食物，也有它的传奇。我曾经听说过一段故事，记忆尤深。

有一次采访八卦掌高手李秀人女士，她说起了她的父亲，京城著名的武术高手、八卦掌第三代传人李子鸣先生。老先生除了武艺高强，还炸得一手好酱。

时至今日，炸酱面配北冰洋已经成为许多食客的标配

从李女士留存的照片上看，老人白须飘飘，仙风道骨。民国时代，大侠也得有个营生，所以李先生也是个经商好手，当年在北平城内开设宏业酱油厂和元隆商行。但是连家人都不知道，李先生实际还有另外一个身份，就是共产党的地下工作者——开酱油厂是为

革命工作做掩护。据说曾经有特务跟踪北平地下党的一位负责人到了李子鸣家附近，李先生就把这同志藏在酱油厂的酱缸里，帮他脱了险。

最令人感动的是，李先生这个卧底做得十分敬业，工厂生产的酱油远近闻名，做出的黄酱也是一流，炸出的酱更是非同凡响。在徒弟们口中，除了师父的武艺，师父家的炸酱面也是一绝。新中国成立之后，李子鸣担任过北京制冰厂的厂长，制冰厂就是北冰洋公司的前身。

很多年之后，有一位戴着墨镜的电影导演到李家做客。李秀人按照父亲的手法做了一顿炸酱面，这位导演吃后赞不绝口，说是吃出了“民国的味道”。后来他就拍了一部关于民国武学宗师和八卦掌的电影（《一代宗师》），这位导演就是王家卫。

最家常又最珍贵，既平民又传奇，吃遍了美味珍馐，最难得便是这一碗销魂的炸酱面，它深深融进人们的血脉和基因，成为舌尖心上挥不去的乡愁，伴随着北京人走过很多风风雨雨的岁月。

四九城到处都有炸酱面，哪一碗最让您想念？然而，记忆深处的这碗炸酱面却是永远够不着的。怀念一碗炸酱面，就像回不去的青春与童年。

炒肝、卤煮、爆肚

下水的逆袭，北京人钟爱的重口味“老三样”，您爱了吗

说起下水，估计有些人会躲之唯恐不及，而有些人却专好这一口儿。炒肝、卤煮、爆肚，可以说是动物下水的“逆袭”，被称为北京小吃“老三样”，当然，是重口味的。据说大众点评网上注册的北京爆肚店就有七百多家，中轴线沿线经营这三种小吃的店铺也是不胜枚举。让我们来看看北京人有多爱它们吧！

炒肝——白水杂碎的后裔

北京传统的早饭有一种是雷打不动的搭配，那就是炒肝配包子。说到炒肝，没吃过的人，可能以为是清炒、爆炒的肝尖之类。其实不然，有首《竹枝词》说：“稠浓汁里煮肥肠，一声过市炒肝香。”它其实是煮完勾芡的一种汤食。

炒肝作为传统特色小吃，它的历史并不久远。北京第一家经营炒肝的店铺在前门外鲜鱼口，叫会仙居，现在已经没有了。旧时鲜鱼口的热闹，仅次于大栅栏商业街，聚集了众多字号。会仙居开业于清同治年间，掌柜叫刘永奎，是一家夫妻经营的小酒馆。

炒肝

到了清光绪二十年（1894），店主去世，由其子刘喜贵经营。喝酒人都喜欢吃点肉菜，有点儿荤腥，可是大鱼大肉又吃不起，只能吃点肉的边角碎料或猪下水，于是会仙居开始琢磨买些猪肠、猪心、猪肝、猪肺什么的，洗净后，将猪肠切成小段儿，猪心切成丁，猪肺切成条儿，猪肝切成片儿，然后加入花椒、大料和盐，放在大锅里白水煮，取名叫白水杂碎。

当时，有一位报纸总编杨曼青常常光顾会仙居，跟掌柜很熟，便给他出主意：把白水杂碎的心和肺去掉，加上酱，勾芡，名字就叫炒肝，这样可能更吸引人。听取了他的建议，会仙居掌柜不断改进原料调料和工艺，先将熟肠段放入沸汤中，再放入蒜酱、葱花、姜末和口蘑汤，然后将切好的生肝放入锅中，用淀粉勾芡，最后撒上砸好的蒜泥，果真研制出了炒肝。老北京有句歇后语“北京炒肝——没心没肺”，说的就是这道小吃。

杨曼青在报纸上帮会仙居一宣传，炒肝便迅速走红。一时间，会仙居的炒肝带动了周围一片店铺卖炒肝。其中有一家名为“天兴居”的店，很快与会仙居实力相当，两家竞争得挺激烈。1956 年公私合营，会仙居与天兴居合并，只留了一个字号——天兴居。现在天兴居作为传统老店，在前门外鲜鱼口内继续经营，不但吸引老北京的食客，也吸引着来北京逛前门大街游走中轴线的人们。

一碗好的炒肝要颜色酱红，肝香肠肥，蒜香扑鼻，稀稠得当，不坨不澥。做法上一定讲究：猪肠切寸段儿，也叫“顶针段”，像老太太做针线活的顶针；猪肝洗净，用刀斜片成柳叶形的“柳叶片”；蒜要捣成泥，讲究“吃蒜不见蒜”。

炒肝最主要的是勾芡，“勾”出来的炒肝晶莹剔透，而且几乎不粘碗。做炒肝细致，喝炒肝也有讲究。老北京人叫“喝炒肝”，不能说“吃炒肝”。正经的吃法是：用五个指尖托着碗下部，稍稍旋转倾斜，让炒肝自然流入口中，嚼完一小口，转转碗再来一小口。既不用筷子也不用勺儿，要的就是那份生活中的从容与自在。一碗炒肝喝完，碗内不留痕迹，芡汁沿着光滑的碗壁徐徐流下，直至最后一口。

卤煮火烧——出身高贵的平民小吃

过去，一到数九寒天，北京的街头和胡同里就飘着卤煮的味儿。

若是恰好经过，嘴馋的主儿，脚底下便走不动道儿。火烧切“井”字儿，再拣出豆腐、小肠、肺头剁成小块儿，正在锅里沸腾的老汤给您往碗里一浇，再来点蒜泥、辣椒油、豆腐乳、韭菜花。吸足了汤汁的火烧、豆腐、小肠、肺头味道厚重。冬日里来上一碗，热气腾腾。绿色的香菜、粉色的腐乳、红色的辣椒油，裹着黄色的火烧和令人垂涎的肺头、小肠、卤豆腐，连稀带干，连主食带副食就全在其中了，那滋味真是没有什么词儿可以形容的。再来一小瓶“牛二”，真真儿是人生一大快事。

单从食材和品相上来说，味道厚重的卤煮不过是“独特”的下水，是贩夫走卒、粗条大汉们的美食。事实上，这款“穷人乐”的卤煮，不仅雅俗共赏，而且出身名贵。

爱新觉罗·浩在《食在宫廷》中介绍，清乾隆四十五年（1780），皇帝巡视南方，曾下榻于扬州安澜园陈元龙家中。陈府家厨张东官烹制的菜肴很受乾隆爷的喜爱，后来张东官就随乾隆到宫里做了御厨。因为张东官是苏州人，所以用配制的香料煮成的肉汤，就叫苏造肉。

在东华门外有专门的小摊卖苏造肉，以便让进宫的官员当早点。那么苏造肉究竟是怎么就成了卤煮火烧呢？据说，当年小肠陈的创始人陈兆恩就是卖苏造肉的，因为苏造肉的用肉是五花肉，平头百姓吃不起，于是陈兆恩就简而化之，用便宜的、老百姓吃得起的猪头肉代替，再加入价格更贱的猪下水。就这么着，一道汤浓味厚的卤煮火烧就流传到了今天。

据老辈人回忆，以前在四九城走街串巷讨生活的力巴伙计、蹬三轮拉洋车的主儿，靠卖苦力挣钱养家，每一天的辛劳下来，饿极了歇歇脚，就蹲在路边吃碗卤煮，喝上二两白酒，既解乏，又解馋。

老北京有很多卖卤煮的馆子，有“卤煮三派”一说，即杨老黑、凯琳和小肠陈三派，各有风味。起初在虎坊桥的杨老黑属于家传手艺，口感脆嫩，在南城很有影响力；凯琳曾火爆一时，但命途多舛，在南城搬过好几个店；小肠陈一直生意红火，从前门的小胡同起家，如今已遍布北京街市。此外，还有门框卤煮、北新桥卤煮、黄寺卤煮，在京城都是数得上号的，虽味道稍有不同，但都拥有不少粉丝。

门框卤煮

爆肚，它不是一道菜

全世界都知道，爆肚是北京著名的小吃，所以在北京各大景点的美食街上，几乎都能看见“老北京爆肚”的身影，游客人手一碗浇上了麻酱的爆肚，排队的时候看看墙上写的“爆肚简史”，之后再发一张带滤镜的朋友圈，就算是吃到了地道的北京味。

然而，你们吃的都是假爆肚！如果您去一家真正的爆肚店，菜单上是没有爆肚这道菜的，因为它根本不是一道菜。一家店的肚品至少要有五六种，某些老店的肚品甚至达十三种之多。有的肚品要几个羊胃才能凑成一盘，相对稀有，赶不上好时候就吃不到。

爆肚为什么能分出这么多品种？据说，早在清乾隆年间，等候自家大人下朝的随从们，常常聚在东安门附近吃爆肚。那时的爆肚还没有今天这么讲究，客人想吃哪个部位就切下来，当场爆好了就混着料直接吃。渐渐地，微服出访的贝勒爷们也爱上了爆肚。各位爷的口味不一样，喜爱的部位也不一样，所以就渐渐细分，发展出了十三种不同品种的爆肚。

说起老北京爆肚的种类、做法、吃法，什刹海边“爆肚张”第四代传人张子安如数家珍：爆羊肚仁、羊肚领、羊食信、羊葫芦、羊散丹、羊蘑菇尖、阴面肚板、阳面肚板……“这些品种选自羊的四个胃的不同位置，羊肚领指的是羊大胃上的脊梁，脆嫩，吃肚领一定不要扒皮，吃的就是外脆里嫩，咬时脆，嚼时嫩；肚领去皮去油后，剥出来又白又嫩的肉，称为肚仁，这可是羊肚子的精华，通常一盘爆羊肚仁需要六只羊的胃，往往六十斤的原材料，只能出二十斤肚仁；散丹是羊的百叶，比牛百叶更脆嫩、好

爆肚张的爆肚

嚼；肚葫芦是羊的小胃，不好嚼，因此需要大火，但是过去的平民百姓就喜欢带嚼劲的；蘑菇尖是羊的皱胃连着散丹的头，很嫩滑；食信是羊的食道部位，肉肉的更有嚼劲；羊肚板是羊的大胃，分阴板和阳板，口感发老，但真正好这口儿的主儿，最喜欢吃的就是肚板。”

张子安说，不同位置爆法不一样，爆的时候需看质地、厚薄、颜色，下锅时一次量不能过多，或五六秒，或七八秒，成败只在瞬息。

爆肚是北京的平民食品，天桥有爆肚石，东安市场有爆肚王，东四有爆肚满，什刹海有爆肚张，大栅栏门框胡同有爆肚杨、爆肚冯，都很有名。民国时期，很多社会名流与戏曲界名伶，如鲁迅、巴金、丁玲、梁实秋、张中行、梅兰芳、马连良、李万春、小白玉霜等都爱吃会吃这又脆又鲜香不油不腻的风味小吃爆肚。相传马连良吃爆肚时，只愿吃用醋与麻酱两样调配的自创调料。

梁实秋先生曾在《雅舍谈吃》中写道，1926年他留学归国，“把行李寄存车站，步行到煤市街致美斋独自小酌，一口气叫了三个爆肚儿，盐爆油爆汤爆，吃得我牙根清酸。然后一个青油饼，一碗烩面鸡丝……生平快意之餐，隔五十余年犹不能忘”。

北京有“要吃秋，有爆肚”的俗语，在整个的秋冬时节，北京人很讲究吃爆肚以调补脾胃。几盘爆肚入肚，再要上一碗羊杂碎汤及两个刚出炉的芝麻烧饼一起吃，不少老少爷们儿还会来上二两二锅头，就着两盘爆肚慢慢品饮，嘿，别提有多美啦！

北京的这三种“重口味小吃”历经数百年而不衰，下水也能成为经典美食，这是真正的民间智慧！

羊蝎子火锅

这道被宋代大文豪挖掘出的美味成为北京人的新宠

几年前在一次沙龙聚会上，笔者遇见了从美国回京的写《侠隐》的张北海先生。《侠隐》这部小说因为后来被姜文改编成《邪不压正》而声名大噪。《侠隐》书中描写老北京四季节令美食的文字很多，让人边看边擦口水，可见张北海先生是位不折不扣的美食家。

那次沙龙聚会，我对张北海先生说的一句话印象很深。他说："最近几次回来最大的收获是吃到了羊蝎子，再配上四两二锅头和大饼，真是一大享受。这是北京近几十年创造出来最了不起的小吃。"

在这件事上，笔者和张北海先生心有戚戚焉，估计好这一口儿的人不会少，北京那么多羊蝎子火锅店，路过的时候常见坐得满满的，飘出来的那种诱人的香味几乎让人迈不开腿。今天，我们就来聊聊羊蝎子吧。

羊蝎子锅（阎彤提供）

羊蝎子是羊和蝎子做的吗

羊蝎子火锅如今遍布北京四九城，中轴线附近也有不少：东四的老诚一锅，西便门的蝎子李，牛街的老诚伊，虎坊路的蝎王府，北土城安华桥的蝎子冯……几乎每一条北京的老胡同或者美食城，都有几家门前灯火璀璨、食客络绎不绝的羊蝎子火锅店。这些店不管大小，走进去总能神奇地嗅到老北京的味道！

秋冬季节，来一锅热气腾腾的羊蝎子，吃的时候先啃骨头，再吸骨髓，虽说吃相有点登不上大雅之堂，但是味道确实无比的鲜美；再点上冻豆腐、宽粉、白菜、海带、萝卜、冬瓜等这些最适合和羊蝎子一起吃的配菜，内心有一种说不出的满足感，正如有食客感慨："有一种市井的幸福！"

有道是“南有龙虎斗，北有羊蝎子”，可见这道菜相当有名。不过令笔者吃惊的是，有不少外地朋友曾经问我，这个菜是用羊和蝎子做的吗？搞得我很无语，真是想想都可怕。

这羊蝎子究竟是什么呢？其实就是羊的龙骨，俗称羊大梁，由于从颈项到尾尖整个形状看上去像蝎子，所以取名为羊蝎子。虽说这羊蝎子骨多肉少，可那贴着羊脊的肉却极其香美。吃羊蝎子，享受的就是找肉、吃肉、嘬羊骨髓的过程。

羊蝎子这种小吃虽说清朝的时候就有，但是真正在京城火起来还是近些年，所以张北海先生多年后回归故乡才有这样的惊喜。然而令人想不到的是，羊蝎子这道美味的历史其实很久远。它是宋朝一位大文豪，当然也是一位美食家发掘出来的，那就是发明了东坡肉的苏轼先生。

真正的吃货不会放过任何机会

宋元祐九年（1094），苏轼因“讥讪先朝”被贬广东惠州，那时这里还属于蛮荒偏僻之地，苏轼吃不到猪肉，整个市场一天又只杀一只羊，作为一个被贬之人，他不敢跟当地的官员争买羊肉，只好跟人家屠户商量说留点羊脊骨。笔者对这种美食家的精神也是服了，对于一个喜欢吃肉的人来说，哪怕一点骨头都不会放过。

苏东坡将这羊脊骨买回家后，琢磨怎么做才好吃。他充分发挥了自己的想象力和实操能力：先煮熟，趁热剔出骨头间的肉，再将剩余的骨头抹上薄薄一层酒和盐，烤到微微有点焦的时候吃。经这么一做，本来不受待见的羊蝎子还真是美味。

苏东坡自己吃完还不算，他给在京当官的弟弟苏辙写了封信，描述这羊蝎子的美味。他说，这羊蝎子上的丝丝肉星，酥脆焦嫩，入味三分，吃起来还有点蟹肉香味。数日吃一次，感觉很补。

他在信中详细叙述了发掘羊蝎子美味的过程，得以流传后世：

元赵孟頫《前后赤壁赋》中的苏轼像

惠州市井寥落，然犹日杀一羊，不敢与仕者争买，时嘱屠者买其脊骨耳。骨间亦有微肉，熟煮热漉出——不乘热出，则抱水不干。渍酒中，点薄盐炙微燋食之。终日抉剔，得铢两于肯綮之间，意甚喜之，如食蟹螯，率数日辄一食，甚觉有补。子由三年食堂庖，所食刍豢，没齿不得骨，岂复知此味乎？戏书此纸遗之，虽戏语，实可施用也。然此说行，则众狗不悦矣。

最后他还不忘调侃："老弟呀，你吃了三年公款大餐，肉多到咬一口都到不了骨头。当然就吃不到这等好吃的味道了。所以给你写封信，告诉你这个秘方，不是拿你开心，是真好吃，你要不也试一下？不过肉都给我啃光了，惠州那些等着吃肉骨头的狗就有些不开心了。"

今天能吃上羊蝎子火锅绝对应该感谢他

苏东坡真乃妙人！如他这般大雅大俗古今能有几人？我们今天能吃上羊蝎子火锅绝对应该感谢他。

现如今羊蝎子的盛行主要集中在北方，更是作为北京特色食物。究其原因，有种说法是，清朝皇室与蒙古王公之间交往频繁，蒙古人爱吃的羊蝎子随之传入宫廷，获得了康熙皇帝的赞许，从此羊蝎子就被列入皇家御宴，并逐渐传入民间。

清同治年间，原来在内蒙古贩羊的李应盛为了躲避战乱，来到北京前门推车卖羊蝎子，这就是著名的"蝎子李"创始人。到第二代李世荣时，他结合朋友建议，创立了白汤羊蝎子。20世纪80年代，第三代李建生开始在新文化街鲁迅中学对面重操旧业，后来又将地址迁到西便门桥下。也是从那时起，北京大街小巷逐渐兴起了"羊蝎子热"，羊蝎子火锅店遍地开花。

这羊蝎子火锅不同于老北京的铜锅涮肉，后者讲究一涮即熟，而它则相反，是个小火慢炖的功夫。老做法是清汤羊蝎子，而现在流行的是浓汤羊蝎子。把整根的绵羊脊柱照着八至十厘米一段锯好后，用清水泡上十至十二个小时，接着再煨上两小时料。这个料是各家的独门秘方，讲究点的据说要用到当归、陈皮等一共三十多种材料。把羊蝎子用大火煮开后，再用小火咕嘟上三个小时。这还没完，还得再焖上五小时。最后，就着蒸腾的热气，羊蝎子终于可以热闹上台了。

吃羊蝎子火锅，讲究骨头多肉少。上桌前，羊蝎子已经炖了这么久，稍微加热便可动筷。羊蝎子骨与肉分离，食客们不需费力就能将香软的肉块吸入口中。

不同于羊肉，加调料炖熟之后的羊蝎子少了很多膻味，因此很多人虽吃不惯羊肉，却对羊蝎子情有独钟。吃完了肉，这骨头里的骨髓也可以吃，因为其中富含钙质，对身体十分有益。吃得越久，羊蝎子在锅里煮得越香，待到肉烂汤浓的时候，加点豆皮、海带、豆腐等配菜进去，再配上两瓣糖蒜，喜欢喝酒的人还可以再来两杯！等到酒过三巡，配菜也吃到差不多的时候，别忘了还可以来点抻面作为主食。这时的汤底已经融合了不少配菜的味道，从中捞出来的抻面更是回味无穷。

有人说，羊蝎子是最能代表北京风格的食物，大口吃肉啃骨头，大口喝酒，兼具美味和热闹的氛围。每次路过羊蝎子店面，看里面氤氲缭绕，透过玻璃都能感受到其中的香味和烟火气。一桌桌觥筹交错，仿佛吃完这顿，就没什么事情可烦恼了——是啊，没有什么烦心事是一锅羊蝎子解决不了的，不行就两锅！

糖葫芦、糖炒栗子、烤白薯

您要是没吃过这三样就亏大了，京城老百姓无人不爱

说起北京秋冬季里最具风味儿的三种时令小吃，大伙儿肯定脱口而出：糖葫芦、糖炒栗子和烤白薯。别看它们大多是街头小贩吆喝兜售的吃食，却最是物美价廉。那香甜的滋味，只要吃了就忘不了。它们最早的历史可以追溯到宋朝。千百年间，这些简单平凡的食物滋养着北京人的肠胃，撩拨着北京人的味蕾，成为多少离家游子的乡愁。

厂甸庙会的糖葫芦比比谁的长

糖葫芦如今在北京满街都是，可是要问起老人家，最有名的还是早年间厂甸庙会上的糖葫芦。

民国时期，琉璃厂是北京的一个文化中心。琉璃厂的核心区是

厂甸，每年正月初一到十六，都举办集市，全城各处以至近郊商贩都赶来搭棚摆摊，书画、古玩、日用杂品、儿童玩具、饮食小吃应有尽有，是当时北京人春节期间最喜欢游逛的地方，俗称“逛厂甸”。

在厂甸庙会上，大串糖葫芦非常吸引人。它是用竹扦子或荆条将十几个甚至几十个山楂穿成一串儿，山楂表面蘸上糖，有的摊主还在糖葫芦串儿的顶端插上一个纸质的彩色小三角旗。孩子们拿到手后，不舍得吃，一直举着，招摇过市，好像在与同样拿糖葫芦的小伙伴比，看看谁的大、谁的长，心里美滋滋的。

北京的冰糖葫芦盛行于清代及民国时期，曾有《竹枝词》写道：“雪晴满路是泥塘，车畔呼儿走不忙。三尺动摇风欲行，葫芦一串蘸冰糖。”红彤彤的山楂果按大小排列穿在竹扦子上，外面裹着晶莹透明的糖稀，一串串插在稻草架子上，好似一棵结满硕果的小树，甚是诱人。

冰糖葫芦在清代已是北京极为流行的小吃，而且品种繁多。《燕京岁时记》中便有冰糖葫芦的记载：“冰糖葫芦，乃用竹签，贯以山里红、海棠果、葡萄、麻山药、核桃仁、豆沙等，蘸以冰糖，甜脆而凉。茶楼、戏院、大街小巷到处可见。”民国时陈莲痕所著《京华春梦录》则称：“大串糖葫芦，插于车旁，疾驶过市，途人见之，咸知为厂甸游归也。”由此可见，冰糖葫芦曾是老北京入岁时逛厂甸的标志。

早年间，立冬后大街小巷卖冰糖葫芦的就逐渐多了起来，其档次和销售方式各不相同。食品店、茶点部或戏院多将冰糖葫芦摆在玻璃罩的白瓷盘里，制作精致，品种众多。走街串巷的小贩，则挑着担子

20 世纪 60 年代厂甸庙会的冰糖葫芦

或挎着木提盒、竹篮走街串巷吆喝："哎！冰糖葫芦哟，新蘸的！"

那时候京城制售冰糖葫芦最为知名的是前门大街和东琉璃厂的九龙斋、信远斋等几家出售蜜果的老字号。梁实秋先生对信远斋的冰糖葫芦情有独钟，曾在《雅舍谈吃》中写道："信远斋也卖蜜饯、冰糖子儿、糖葫芦。以糖葫芦为最出色。北平糖葫芦分三种，一种用麦芽糖，北平话是糖稀，可以做大串山里红的糖葫芦，可以长达五尺多，这种大糖葫芦，新年厂甸卖得最多……离开北平就没吃过

冰糖葫芦

糖葫芦了，实在想念。”

金庸先生也喜欢北京的冰糖葫芦，据说他第一次到北京时，便到街上品尝，说在香港很难尝到这样味美的小吃。他还把冰糖葫芦写进了武侠小说中。《飞狐外传》第十三章描述：“北京终于到了，胡斐和程灵素并骑进了都门……两人不认得道路，只在街上随意乱走。逛了个把时辰，胡斐买了几串冰糖葫芦，与程灵素各自拿在手中，边走边吃。”

现在，随着社会的不断发展，原来的冰糖葫芦已经逐步发展出了各种花式模样。从单一以红山楂果转变成各式各样的新鲜水果，草莓、猕猴桃等等，真是样式越来越多，但不管怎么变，人们喜爱的还是那个味道。

买糖炒栗子排长队成街头一景

咱老北京卖糖炒栗子算是京城街头一景：大锅一支，饱满的栗子在锅里均匀搅拌着，黄得发亮的栗子和黑色砂子相互摩擦沙沙作响，热气腾腾的白烟随之腾起，老远就能闻到诱人的甜滋滋的焦香。好这口儿的人们早已排起长长的队伍，心甘情愿地站在寒风中等待，就为吃上糖炒栗子！

糖炒栗子是老北京别具地方风味的著名传统小吃，历史悠久。“齿根浮动欲我衰，山栗炮燔疗食饥。”从南宋诗人陆游《夜食炒栗有感》中的这两句诗可知，糖炒栗子早在宋代时就已问世。《华夏美食趣话》称，炒栗子始于宋代，此前多为蒸煮后食用。每至秋末初

排队购买糖炒栗子的顾客

冬，炒栗子便出现在东京（今开封）街头，阵阵栗香强力地吸引着路人。辽初，栗子的炒制技法传入南京（今北京），不久遍及市肆。

炒栗子之美味，不但市井平民喜欢，就是乾隆皇帝也格外青睐。史料记载，他曾专门写过两首诗赞誉炒栗子，其中《食栗》诗曰："小熟大者生，大熟小者焦。大小得均熟，所待火候调。"

清末民国时期，糖炒栗子成为四九城的著名特产小食品。当时东四、西单、鼓楼、前门、东安市场、花市大街等街市上，每逢秋后至春节期间，处处飘满糖炒栗子甜香的味道。旧时糖炒栗子最有名的是常年为清宫御膳房提供干果海鲜精品的前外大街的"通三益"干果海味店。据说，"通三益"当年曾专为清宫进奉糖炒栗子。因为袁世凯的五姨太杨氏特别喜欢吃糖炒栗子，曾专门差人到"通三益"

去买栗子。

中华人民共和国成立前，四九城虽有炒锅行业，专营各种干果炒货，但板栗多由众干果店自炒自销，那时以良乡所产板栗最有名。在干果店门前常垒有炉灶，架着大铁锅，店员将挑选好的生栗子与铁砂放入锅内用铁锹翻炒，并洒上些饴糖汁，待炒熟后倒入木箱并以棉垫盖严，高声吆喝："哎，良乡的栗子咧！糖炒栗子哟！"这样现炒现卖的热栗子老北京人最喜食。

这些年，喜欢糖炒栗子的北京人都知道地安门后来又重建的雁翅楼西楼北端的"秋栗香"，这可能是最早的"网红"店吧？几乎每次路过地安门的时候都能看到排着长长的队。栗子一出锅，不少人四斤五斤地买。那股香甜的味道飘满街巷，老远就能闻见。

奉旨进京烤白薯

北京何时有的烤白薯，史籍未见确切记载，相传是从山东传到北京的。《华夏美食大观》《济南民俗》记载，清乾隆年间的一个初冬时节，乾隆皇帝与大臣纪晓岚、护卫素伦等扮成商贾，微服巡访到鲁西南重镇济宁，夜宿平阴县城（今属济南）。晚上众人随乾隆皇帝到平阴城西关帝庙巡游，忽闻一股香甜的味道扑面而来，于是循味来到一个摊贩前。只见摊主正从一泥炉中一块一块取出烤熟的地瓜，那金黄滚烫的地瓜香气袭人。纪晓岚连忙买了一块送与乾隆皇帝品尝。此时天气寒冷，乾隆皇帝将烤地瓜捧在手里顿感热乎乎的。他剥开地瓜皮儿，露出金黄色、软绵绵、热腾腾的瓜瓤，只吃了几口，就连声称好，并请一行人都尝一尝。

卖烤地瓜的摊主张姓，家中几年前开始种植地瓜，他的烤地瓜摊在平阴独此一家。吃过张老汉的烤地瓜后，乾隆皇帝赞叹不已，遂令其再烤些送至行馆，以备食用，并令平阴知县丁继先明年立冬之时，派张老汉携地瓜进京。转眼又到了立冬时节，张老汉便奉旨进京，为皇宫烤制地瓜，从此烤白薯便成了御用美食。

清末民初，烤白薯的摊贩开始出现在京城的街头巷尾，从业者多来自山东、直隶各县。民国时文人徐霞村所著的《北平的巷头小吃》将烤白薯的特点概括为“肥”“透”“甜”三个字。肥，是选用

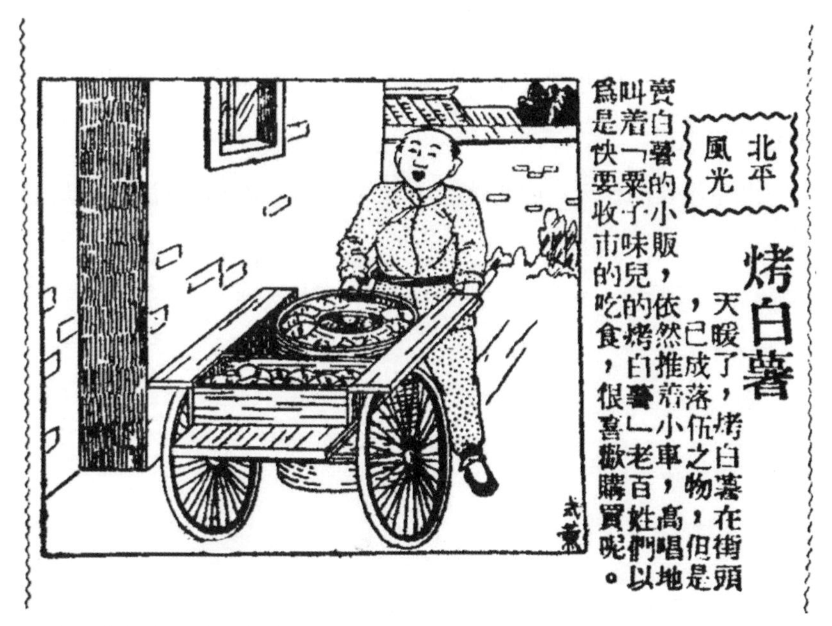

《新北平报》介绍烤白薯（1935 年 3 月 18 日）

那种圆乎乎、皮薄、肉厚实的白薯烤制；透，说的是烤白薯的手艺，不能生心也不能烤煳、烤干了；甜，就是甘甜且不腻，越吃越香，令人欲罢不能。

一位老人犹记得上小学时，半路上花五个铜板买一个烤白薯，热乎乎地捧着当手炉，一直到了教室坐定以后，才慢慢地吃，又取暖，又果腹，其妙无穷，实在是贫苦孩子的恩物啊！

烤白薯看似简单，但要掌握好火候并不容易。俗话说“七分烤，三分捏”，也就是烤的过程只占七分，余下的三分全凭着一点点捏熟。这捏要轻重适度，捏轻了，不易熟，捏重了白薯会变形，就不好卖了。

在老北京众多的叫卖声中，卖烤白薯的吆喝声却有些与众不同，多不是直接吆喝：“谁买烤白薯！”而是吆喝：“锅底来！栗子味儿！”或“来块儿热乎的！”听起来，满满的老北京味儿，让人听着就想吃。

北京漫长的冬天，因为这些美食的存在，也变得有滋有味儿了。

芝麻酱

北京人用它“蘸世界”，有了芝麻酱，这些食物闪闪发光

黏稠的麻酱从一把大勺里流下，形成一条浅咖啡色的细线，慢慢流入顾客的麻酱瓶中。随着秤杆缓缓升起，售货员要不断地转动着勺子，目的是控制麻酱的流量，并随时截断麻酱流……最后，售货员会用京片子来一句：“瞧，三两多，没短您的。”

一日三餐都可以被麻酱包圆儿

这曾经是副食店里寻常情景，如今已经很难看到了，但在鼓楼附近的国营赵府街副食店工作了三十多年的李掌柜至今还保留着这手绝活儿，这家老店也是北京所剩无几的可以打麻酱的副食店。

李掌柜回忆：“1992 年以前，买麻酱需要票，那会儿一户一人二两，这家如果有八口人，一个月就一斤多。也不是全年供应，只从

救了北京人一年四季的芝麻酱

五一到十一，天热了以后，北京人就好这口麻酱面！这是计划经济的产物，麻酱可以弥补人们感觉素淡的滋味儿。北京人爱吃麻酱这个习惯应该说是多年以来就养成的。打麻酱得一勺准，光是在副食品店做学徒练这门手艺就得三年。”

芝麻酱有各种分类，有纯芝麻酱，也有添加了别的成分的混合芝麻酱。添加比例也有不同，赵府街副食店卖的正是北京人最喜欢的“二八酱”：二分的芝麻酱，八分的花生酱。因为过去芝麻产量低、价格高昂，所以多用花生酱，取其香，取其甜，价格老百姓也能接受。上好的芝麻酱，质感像豌豆黄一样绵密纯净、温润通透，香味儿十足。

在北京，芝麻酱几乎人人都爱。它可做蘸料，可做拌料，可做佐料，简直万事皆宜，它在北京人心里占据无可替代的地位。没错儿，它就是可以用来“蘸世界”的芝麻酱。

北京人的一日三餐都可以被麻酱包圆儿。早上，一碗热乎的面茶一定要淋上一勺芝麻酱，一圈一圈吸溜着喝；到了晌午，来碗麻酱凉面，过凉水的面裹上芝麻酱，完全吃得停不下来；晚上，呼朋唤友来顿涮羊肉，夹起一筷子在水里甩几下，一股脑儿沉入麻酱碗底，就像老舍说的：“那是动植物结合的精髓！”瞧瞧，有芝麻酱的日子，多么幸福！

老舍先生因为芝麻酱为民请命

芝麻是舶来品，汉朝时由张骞从西域带回，由于出油率高，一直是主要的油料作物。虽然麻酱什么时候出现不可考，但相信不会离芝麻油的出现时间太久。

袁枚的《随园食单》提到面茶的制作方法：“熬粗茶汁，炒面兑入，加芝麻酱亦可，加牛乳亦可，微加一撮盐。无乳则加奶酥、奶皮亦可。”“芝麻酱”仨字终于堂而皇之地进了名人食谱。

芝麻酱在北京人的生活中留下如此深刻的烙印，也许和物质匮乏时代的“穷人乐”有关。从 1954 年开始，麻酱实行计划供应并由粮食部门管理，每人每月限量一两。由于日常生活难见油水，去国营副食店打麻酱，然后在回家的路上一边走一边抱着瓶子舔便成了那个年代小孩的集体回忆。

当时有个广为流传的段子：大人派孩子去副食店打麻酱，回来发现分量不够，于是找到副食店去理论，要求重新称。售货员说，您最好先称称孩子，因为短了的芝麻酱进了孩子的肚子……此话一落音，跟着来副食店的孩子不由得红着脸低下了头！

芝麻酱还和作家老舍先生有一段趣事。有一年夏天，北京的芝麻酱供不应求，那点限量根本就不够吃。老舍先生作为人民代表，向北京市政府提案，希望政府解决芝麻酱的供应问题。他说："北京人夏天爱吃拍黄瓜，离不开芝麻酱！"不久，北京的副食店里又有芝麻酱卖了，每人还增加了一两的供应量。老舍先生真是懂北京人，知道芝麻酱就是炎炎夏日里北京人的"命"。

澥好麻酱 百事可做

芝麻酱做凉面浇头，做涮羊肉和爆肚的蘸料，都需要澥开。澥芝麻酱可是一项技术活，一定要澥得稀稠合适。拿凉面为例，过稀则裹不住面条，成了汤面；过稠则面条搅拌不开，坨在一起。

美食家孟春明先生详细讲述过做麻酱凉面的过程。"取适量芝麻酱，加入盐，一点一点地在芝麻酱里加入凉开水，慢慢搅拌，使芝麻酱和水充分融合，此时不能心急，过快过急则不会水酱交融，卖相极差，无法使用。有的人用香油代替水澥芝麻酱，我以为并不可取，因为芝麻酱里本来就含有大量油脂，以油澥酱，太过油腻。"

澥好芝麻酱后，再备一小碗三合油，即酱油、醋、香油的混合物，比例为4∶1∶1，先将酱油、醋放入碗里，切入一点香葱末，香油烧热炸少许花椒，取出花椒，将热香油倒入酱油醋中即可。

“捞出一碗凉透心的面条，加入芝麻酱、三合油，再配上适量的面码，搅拌均匀，不时再咬一口大蒜瓣，美！豪放的吃法是黄瓜不切丝，干脆手里抓一根整黄瓜，咬一口黄瓜、吃一口面条、来一瓣大蒜，嘿，此时就是水陆珍馐都不换！”听着有没有食指大动，口水横流？

至于涮羊肉，那碗麻酱调料简直就是灵魂。不知道是谁发明出来的，二者真乃绝配。然而这并不是一碗普通的芝麻酱，而是经过复杂的勾兑。调料是涮羊肉看家的一道功夫，之所以讳莫如深，百家百味，主要是上百年来有名的涮肉馆子都遵循“家底不外传”的结果。

陈立新师傅曾经大方地介绍过七种传统调味品的勾兑方法：“七

麻酱凉面

种调料盛碗上桌，勾兑时，先放料酒、虾油、酱油、韭菜花，搅拌均匀后，放酱豆腐、芝麻酱，用勺顺时针搅拌，最后，再根据客人的要求，放辣椒油。这样勾兑的调料，搅拌均匀，而且，由于液体的先放，固体的后放，搅拌时不沾碗。顺时针搅拌，一来搅拌的调料不散不澥，二来表示一顺百顺。”顺序告诉您了，至于用量那就“只可意会，不可言传”，要不您回家自己试试？

有了芝麻酱，这些食物才闪闪发光

下面我们就来细数一下北京和芝麻酱有关的食物，还真不少！

面茶：一碗糜子面，浇上芝麻酱，再撒上椒盐，咸香味道。喝的时候，老人家讲究像喝抹茶那样转着碗，吸溜进去。当然，您如果用勺喝也无可厚非。我每次喝总觉得服务员麻酱给的分量不够。

豆泡汤：北京人的传统早餐之一，也可以是豆面丸子加豆泡，这就叫作“两样儿”。这个汤的精髓就是放芝麻酱，放香菜，立刻就不同了。

麻酱糖花卷：红糖甜腻，芝麻酱肆意霸道，这味道，哪个北京孩子不爱的？吃完嘴上手上都是黏腻的红糖和麻酱，完全顾不得形象了。

麻酱烧饼：刚出炉的热烧饼有着芝麻香，酥中带软，切开后夹上酱牛肉，肉汁加上芝麻酱，那叫一个幸福！

糖火烧：面粉里放进红糖、芝麻酱、桂花，出炉后松嫩焦香，老北京就好这一口！

麻酱糖饼：要让麻酱糖饼好吃的唯一做法就是麻酱多放，糖多

麻酱糖饼

搁！最高境界是外皮酥香，里边芝麻酱流淌。

绵白糖麻酱抹馒头片：有多少人跟我一样，这种杀伤力巨大的吃法，是从《我爱我家》中的和平那里学到的。热乎乎的戗面馒头刚出锅，把馒头掰开，抹上芝麻酱，再放点白糖，用手一夹，咬一大口，别提有多幸福了！

麻酱威化：稻香村的麻酱威化属于常年囤货产品，麻酱味儿厚重不掉渣，被它深深折服！

麻酱排：为义利的麻酱排点赞，这是一款吃起来甜甜、咸咸、麻酱味儿、不硬不软的食物，可以一边吃着麻酱排，一边打着真的麻将牌！

乾隆白菜：北京百姓自创的一道菜，白菜上裹上麻酱撒上白糖，说它是“最好吃的一种白菜”也不为过。不过我不喜欢它的名字，干吗啥事都扯上皇上呢？还编出一段微服私访的故事，感觉皇上好不容易溜出来一趟光四处吃了，这样下去怎么邂逅夏雨荷？

在北京，几乎所有的凉菜都可以用麻酱拌，除了拌白菜，还可以拌茄泥，拌黄瓜，拌菠菜，拌豇豆，拌莜麦菜……总之，麻酱可以拌一切。

在以上这么多麻酱的可能性中，您会发现，在这座无处不麻酱，被麻酱层层包裹的城市里，那些原本很一般的食物，正是有了麻酱，才闪闪发光。即使曾经贫穷、捉襟见肘，人们也努力在有限的食材中发展出一种精致、一种讲究。尽管今天“芝麻酱白糖蘸馒头”早已不是什么稀罕东西，但是关于饮食的记忆和文化却留存了下来，影响着一代代的“北京胃”。

乾隆白菜

舌尖品味之旅
手绘 吴昊
祈年殿

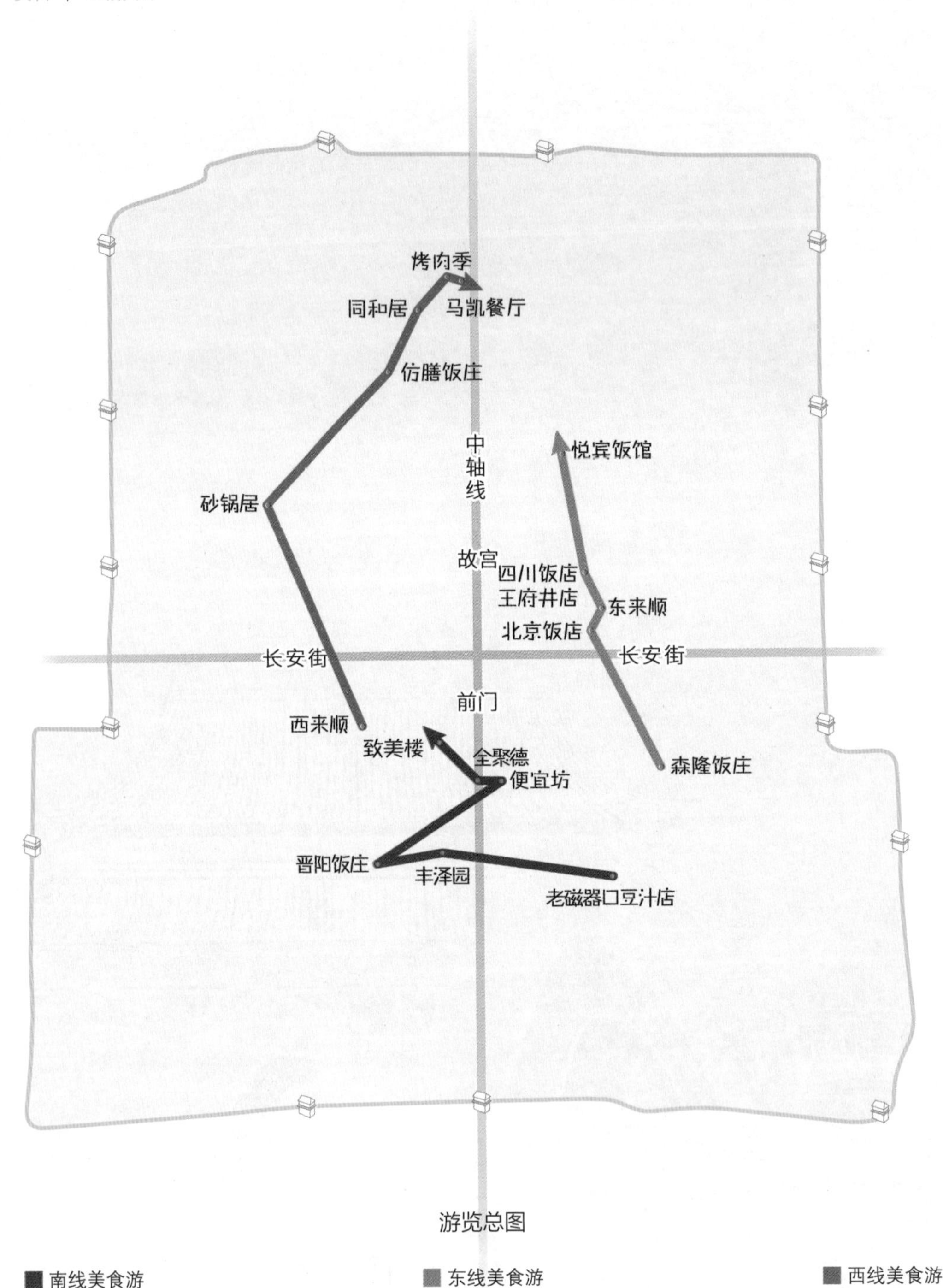

游览总图

■ 南线美食游 ■ 东线美食游 ■ 西线美食游

注：景点介绍依据其所在地理位置摆放，大致与手绘街区地图匹配。受篇幅所限，手绘图与推荐游览顺序存在不一致的情况，请参照序号对应推荐游览顺序。此外，景点可能基于修缮、布展、改扩建等原因短期闭馆，建议读者提前查阅最新信息，再前往参观。

一、南线美食游

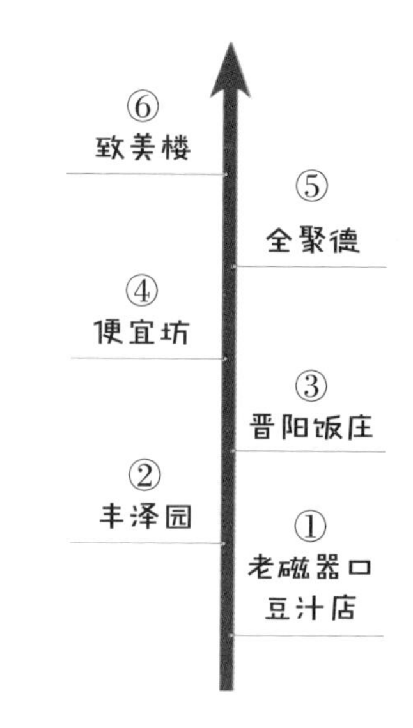

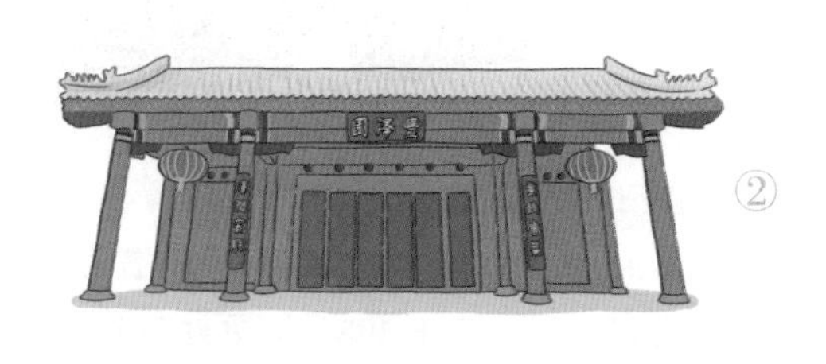

丰泽园

地址：西城区珠市口西大街83号

简介：丰泽园建于1930年，是京城著名的鲁菜馆，几代名厨掌灶，所制菜品清鲜脆嫩，尤以清汤、奶汤菜冠绝全市。代表菜品有一品官燕、通天鱼翅、葱烧海参、鸡汁鱼肚、清炖裙边、烩乌鱼蛋、糟香桂花鱼等。葱烧海参是丰泽园的金牌菜，很多食客就是冲着它来的。据说仅这一道菜，几乎占了丰泽园全部营业收入的三成。

老磁器口豆汁店

地址：东城区天坛北里5号（天坛北门对面）

简介：老磁器口豆汁店，原名锦馨豆汁店，拆迁前位于磁器口，是挂牌的“中华名小吃”，也是南城最有名的国营老字号豆汁店，据说其豆汁儿手艺得自花市火神庙“豆汁儿丁”的真传。20世纪七八十年代这家豆汁店曾红火一时，后来国营餐饮业改制，转归私人经营，现在已开设多家分店。店内除了豆汁儿外，还有螺丝转、墩饽饽、焦圈、糖火烧等多种老北京传统小吃。

推荐游览南侧的天坛公园。

⑥

致美楼

地址：西城区前门西大街正阳市场2号楼

简介：致美楼是北京“八大楼”之一，以鲁菜闻名。20世纪30年代曾因故歇业，后于1980年重新开张，聘请当年在致美楼掌勺的厨师张守锡，并由他领衔挖掘整理出了清汤官燕、红扒熊掌、扒驼峰、炸烹活蟹、菊花鱼鲜火锅等一批菜肴。其中，招牌菜为“一鱼四吃”。著名书法家启功曾写诗称赞：“致美早名扬，烹调擅四方。老号非过誉，有暇请来尝。”

③

晋阳饭庄

地址：西城区珠市口西大街241号

简介：晋阳饭庄是一家以经营山西风味菜肴为主的饭馆，堪称“正宗山西味，京城第一家”，代表菜品有香酥鸭、什锦炒猫耳朵、肉丝炒拨鱼等。老舍先生生前曾多次光顾这里，品晋风，赏紫藤，并留七绝一首赞誉晋阳饭庄：“驼峰熊掌岂堪夸，猫耳拨鱼实且华。四座风香春几许，庭前十丈紫藤花。”

推荐游览西侧的纪晓岚故居。

⑤

全聚德

地址：东城区前门大街 30 号

简介：全聚德是享誉全球的“中华老字号”，其中前门店是全聚德的起源店。百年前，全聚德铺面老墙被原样移至大厅内，并在老墙后面恢复了老铺风貌。精品烤鸭、芥末鸭掌、火燎鸭心、盐水鸭干等，都是来全聚德必吃的名菜。这家店采用京味跑堂服务方式。传统的八仙桌、黑漆柜台，伴随着青衣小帽的伙计们热情的吆喝，传统文化风貌尽收眼底。

④

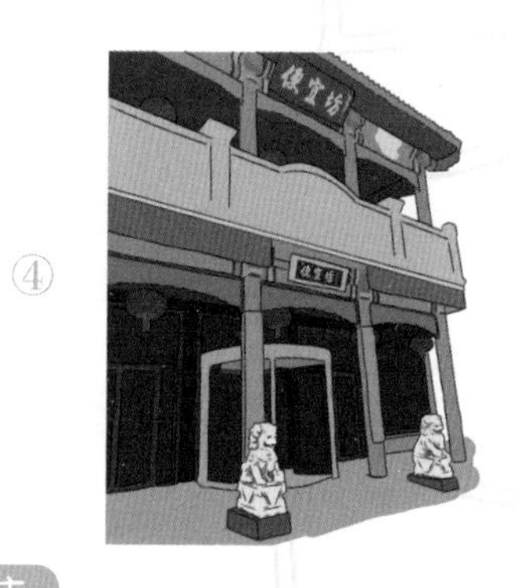

便宜坊

地址：东城区鲜鱼口街 65—77 号

简介：便宜坊是北京著名的“中华老字号”饭庄，创办于明永乐十四年（1416），至今已有六百多年的历史。便宜坊以“便利人民，宜室宜家”为经营理念，形成了以焖炉烤鸭为龙头，以鲁菜为基础的菜品特色。便宜坊烤鸭外酥里嫩、口味鲜美，享有盛誉。因焖炉烤鸭在烤制过程中不见明火，所以被人们称为“绿色烤鸭”。

二、东线美食游

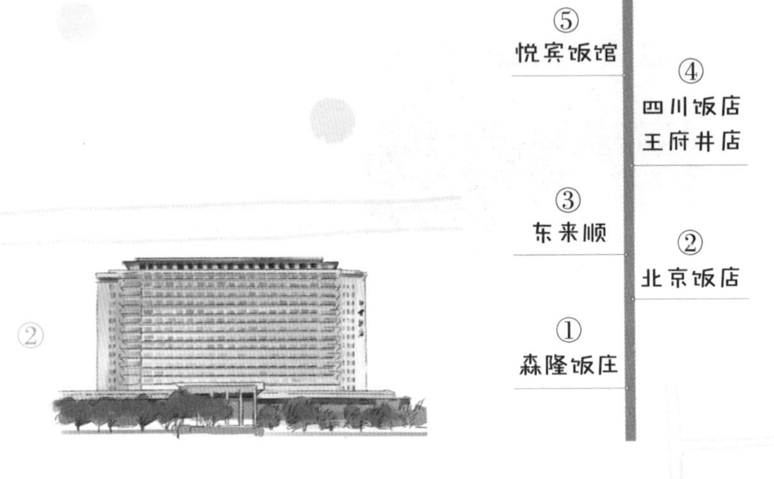

北京饭店

地址：东城区东长安街33号

简介：北京饭店是著名的五星级百年老店，创建于20世纪初。新中国成立后，北京饭店成为中央政府国务活动和外事接待的重要场所，具有相当高的政治地位。它在承载着酒店功能性和特殊政治身份的双重使命中见证了时代的变迁。今天的北京饭店汇集了中华美食的各式佳肴。其中，谭家菜是北京地方独特的官府菜肴，而川菜、淮扬菜、上海菜、粤菜等各大菜系也极负盛名。

③

东来顺

地址：东城区东华门街道王府井大街198号

简介：东来顺创建于清光绪二十九年（1903），至20世纪三四十年代，其涮羊肉已驰名京城。百年来，东来顺在秉承传统的同时，博采众长，精益求精，致力于色、香、味、形、器的和谐统一，形成了风味涮肉的八大特色：选料精，刀工美，调料香，火锅旺，底汤鲜，糖蒜脆，配料细，辅料全。如今，东来顺分店已遍及全国，甚至走出了国门。

距故宫、王府井较近，可根据兴趣选择游览。

①

森隆饭庄

地址：东城区崇文门外大街新世界一期4、5层

简介：森隆饭庄成立于1924年，中餐为主，兼做西餐，享誉京城。1956年公私合营，后几经沉浮，数次开开停停。2019年，停业十五年的森隆饭庄重新开张，恢复了松鼠鳜鱼、冬菜包子、响油鳝糊、冬菜扒鸭、牛充猴头等招牌菜，声名大震，食客盈门。

推荐游览北侧的明城墙遗址公园。

⑤

悦宾饭馆

地址：东城区翠花胡同 43 号

简介：位于翠花胡同的悦宾饭馆是改革开放后北京的第一家个体饭馆，至今已经营四十多年。饭馆门面朴素简陋，但菜做得挺地道。五丝筒、扒白菜、锅烧鸭等菜品，深受食客欢迎，可以吃出北京胡同的家常味道。

④

四川饭店王府井店

地址：东城区王府井大街 253 号百货大楼 6 层

简介：1959 年开业的四川饭店，曾经有一段非常珍贵的红色历史：周总理提议修建，朱老总亲自指挥饭店筹建，陈毅元帅是“半个经理”，厨师三进中南海为毛主席服务……四川饭店以“正宗川味”为招牌，有麻辣、鱼香、红油、姜汁等二十多种味型，代表菜品有烧牛头、樟茶鸭、回锅肉、麻婆豆腐、开水白菜等。

三、西线美食游

⑥ 马凯餐厅
⑤ 烤肉季
④ 同和居
③ 仿膳饭庄
② 砂锅居
① 西来顺

②

砂锅居

地址：西城区西四南大街 60 号

简介：砂锅居始建于清乾隆六年（1741），主打砂锅系列，是北京规模最大的主营砂锅菜肴的“中华老字号”。招牌菜砂锅白肉以特有的烧、燎、白煮等手法，将猪肉精粹烹于一锅，人称“名震京都三百载，味压华北白肉香”。

①

地址：西城区北新华街 116 号

简介：北京的清真菜分为东派和西派。西来顺被誉为“西派清真菜”的代表，其菜式华贵典雅，精于小炒，杂糅西菜手法，品种十分丰富。西来顺饭庄创建于 1930 年，由名厨褚祥担任经理，他创制的马连良鸭子等名菜现在依然很受欢迎。此外，炮煳、烤乳羊、牛肉酥饼等也都值得一尝。

④

同和居

地址：地安门西大街51—52号荷花市场内

简介：同和居是北京较早经营鲁菜的“中华老字号”，创建于清道光二年（1822），是北京“八大居”之一。同和居主营山东福山帮菜，擅长烹制河鲜海味，精于熘、爆、扒、炒、烩等烹调技法，口味清、鲜、嫩、脆。烤馒头、三不粘、糟熘系列为同和居名震京城的“三绝”。

位于什刹海景区内，推荐就近游览。

③

仿膳饭庄

地址：西城区北海公园内（近地安门西大街）

简介：仿膳饭庄创办于1925年，是京城有名的宫廷菜馆。仿膳饭庄前身是仿膳茶庄，主要经营宫廷糕点小吃，以肉末烧饼、小窝头、豌豆黄最为有名。1956年改为饭庄，共有八百余种宫廷菜肴，代表菜品为凤尾鱼翅、金蟾玉鲍、一品官燕、油焖大虾、宫门献鱼、熘鸡脯等。其中，满汉全席更是驰名中外。

需提前一至七天在微信公众号“畅游公园”上预约购买北海公园门票。仿膳饭庄位于公园北岸。

烤肉季

⑤

地址：西城区前海东沿14号

简介：位于什刹海风景区的烤肉季是一家有着一百七十多年店史的“中华老字号”。它创建于清道光二十八年（1848），其烤羊肉久负盛名。一百多年来，烤肉季始终保持着传统风味。各界名人如老舍、梅兰芳、马连良等，均曾是这里的常客。

位于什刹海景区内，距银锭桥、烟袋斜街较近。

⑥

马凯餐厅

地址：西城区地安门外大街29号

简介：1953年，十三名湖南同乡集资，接手了地安门外的马凯冷饮店，建起马凯餐厅。马凯餐厅被誉为“北中轴线上的美食明珠”，是北京著名的湘菜馆，经营三百余种菜肴，其中既有东安子鸡、汤泡肚尖等传统风味菜肴，又有玉带桂鱼卷、火腿柴巴鸡、酸辣笔筒鱿鱼、天鹅抱蛋、豆椒腊味合蒸、冬笋炒腊狗肉、腊鱼等别于其他湘菜馆的特色菜品。

推荐游览北侧的鼓楼、钟楼。